基礎生物学実験

大阪大学理学研究科生物科学専攻 編

培風館

装幀　山崎 登

はじめに

本書は大学教養課程の「基礎生物学実験」の実習書であり，生物科学の基礎的分野に関する入門的な実習書でもある。本書は元来，大阪大学教養部で行われていた大学低学年対象の生物学実験のテキストを源泉としている。1994 年の教養部廃止に伴い，理学研究科生物科学専攻の教員によって低学年対象の生物学実験が引き継がれたが，その際に実習のテーマの見直しが行われた。以降，「自然科学実験 1」，「自然科学実験 2」，「生物学実験」として，対象学部ごとに実習テーマの異なるテキストが用いられた。このたび全学低学年教育のカリキュラム改革に際し，実習の内容を統一し，より低学年教育に適したテキスト作りを検討し本書の完成に至った。このように本書は，大阪大学教養部生物学教室と理学研究科生物科学専攻の教員の努力に負うところが多いが，その裏にはここまで実習を支えてきた事務補佐員や大学院生ティーチングアシスタント (TA) の協力もある。みなさんの貴重な意見やアイデアも数多く反映されている。また一部のテーマは，1 人の大学院生のアイデアによってつくられた。

現在，高等学校では「生物」が必ずしも必修科目とはなっておらず，大学進学者の多くが生物学の基礎を学習しないまま入学している。昨今の生物学の急速な発展や社会とのかかわりを考えると憂慮すべき状況である。また，生物学の基礎概念は正しい人間観，自然観，および世界観を築くための滋養ともなるだろう。よって本書の作成にあたり，大学受験の入試科目として生物を選択しなかった学生や，大学で生物学を専門としない学生が使用することも配慮した。本書の実習テーマは以下の点に留意され構成されている。

最初に，生物体を理解するための基本的な方法として，光学顕微鏡を用いた観察方法「光学顕微鏡の取り扱い方」を学ぶ。次に，「プランクトンの観察」を行い，身近に存在するミクロの生物世界に目を向け，生物多様性を知ってもらう。プランクトンの中には，光合成色素をもつ有色の種，あるいは運動する種がみられる。それら生物の特徴を上手に観察することによって，顕微鏡操作のさらなる習熟に努める。次に「マウスの解剖」を通じて，ヒトと類似した哺乳類の体制を理解する。さらに，動物とはまったく異なるストラテジーで生活する陸上植物を材料に「陸上植物の体制と組織構築」を学び，「プランクトンの観察」で観察した単細胞藻類とは違った，多細胞化し陸上に進出した植物の適応を知る。次に，運動ができない植物に対し，運動ができる動物の組織を観察する。この「動物の組織」の実習では，「マウスの解剖」で学習した器官を思い出してもらい，多細胞動物の体を構成する多様な器官が，どのような細胞や組織で構築されているかを学ぶ。最後に，生物が様々なタンパク質からなることを実感してもらうため，「タンパク質の分離」の実験を行う。

本書の内容は，基礎的実験として十分とは決して言えないが，不足は指導する教員の努力で補う覚悟である。学生諸君には「基礎生物学実験」の実習を通じて，生物の不思議を知る喜びと感動を抱いてほしいと願ってやまない。

最後に本書の出版にあたっては，培風館の斉藤淳氏と江連千賀子氏に一方ならぬお世話になった。厚くお礼を申し上げたい。

2020年3月

大阪大学理学研究科生物科学専攻
「基礎生物学実験」担当教員一同

目　次

1

実験の前に

1.1　一般的な注意

(1)　出席できないときは，その理由をすみやかに届け出ること。

(2)　実験には集中力を必要とするため，前日は徹夜などによる肉体的疲労を残さないよう体調を整えておくこと。

(3)　白衣は特に要求しないが，動きやすい服装で来ること。「陸上植物の体制と組織構築」，「マウスの解剖」では特に服が汚れる場合があるので，白衣などの着用を薦める。下駄履き，ハイヒールなどは危険。また，マフラーなどを実験中に身につけない。

(4)　実験室と同じ階には研究室があるので，迷惑を掛けないよう静かに移動する。

(5)　棟内は全面禁煙。

(6)　飲食は実験室内では禁止。

(7)　体調が悪くなったときは，担当者やTAに伝え控え室で休息すること。

(8)　学生教育研究災害保険に加入しておくこと。

1.2　実験室での注意

(1)　各机に配布されているチェックリストと(図1-1)，準備されている実験器具の名称，種類，個数などを最初に確認する。不足分は教員・TAに申し出る。

(2)　チェックリストの署名欄に各自署名をする。

(3)　所定の番号の席で実験する(座席で出欠・遅刻などを確認するため)。

(4)　顕微鏡は座席番号と同じ番号のものを使用する。

(5)　顕微鏡の不備や器具類の破損・故障はその場で教員・TAに申し出る。

(6)　器具の洗浄などの後片づけも含めて17時50分までに終わるよう，時間配分に気をつける。

(7)　最後に実験器具の状態と数を確認し，チェックリストに記入・署名する。

実習用具 Checklist

テーマ：プランクトンの観察
実習日：　　月　　日（　　）

テーブル番号	

○実験開始時，下記の器具がそろっているかチェックする。足りない物があったら担当者に申し出る。
○自分の番号に座り，自分の番号の顕微鏡を使う。
○実験終了後，汚れた器具は洗って再度チェックし，きれいに掃除しておく。

品　名	個数	チェック	
		開始時	終了時
スライドガラス，ホールスライド	各６枚		
カバーガラス	１２枚		
対物マイクロメーター	２枚		
スポイト	１本		
三角フラスコ	１個		
色鉛筆	１０本		

品　名	個数	チェック	
		開始時	終了時
プランクトンネット	１枚		
ブロワー	１ケ		
丸濾紙	１枚		
レンズペーパー	１ケ		
キムワイプ	１箱		
プランクトン図鑑　３種	計５冊		
針金	１本		

【掃除チェック】
□ ガラス器具をきれいに洗浄する(フラスコはフラスコブラシで)。
□ 机の上をきれいに拭く。雑巾を洗う。
□ 流し台を掃除する。机のまわりの床を掃除する。
□ 教員にサインをもらった後，実験用具をワゴンの上などに返却する。

①ＴＡのサイン
②教員のサイン

最終確認者

【備考（器具の破損などの連絡事項)】

実験開始時に，自分の番号の位置に本人が氏名を記入すること

1　3
1　3
1
2　4
2　4

図 1-1　チェックリスト
プランクトンの観察の場合

1.3　実験を行う際の心がけ

(1)　マウスなどの実験動物への対応には，科学的かつ倫理的でなければならない。動物のおかれる環境をできるだけ明瞭かつ一定に保ち，それによって実験結果の再現性を図ること，人の踏むべき道をはずさないこと，動物愛護，虐待防止を心がけ動物に苦痛を与えないようにすることが大切である。

(2)　実験に関係するすべての記録を残しておくこと。実験レポートにまとめるための基本情報（薬品，実験器具，実験装置の使用記録簿など）の記録を明確に残しておく。これはトレーサビリティー（traceability）とよばれ，実験の失敗や事故が起きた際，記録をたどることで原因の究明が可能となる。

1.4　レポートの書き方

各回の担当教員の指示に従う。レポートは形式的には，①テーマ，②目的，③材料と方法，④結果，⑤まとめと考察，（考察と区別して感想）の順で記述する。

(1)　レポートは実験当日に提出する。

(2)　レポートが複数枚にわたるときは，左肩をホッチキスで綴じる。

1.5　スケッチの仕方

(1)　硬めの鉛筆（H・2H）をよく尖らせて使用する（文字はH・2Hは使用しない）。

(2)　美術のデッサンのように短くちぎれた線で描くのではなく，連続した線で描く。

(3)　濃淡は点を打つ密度で表現する。塗りつぶさないこと。

(4)　視野にとらえたものすべてを描く必要はない。視野の円も描かない。繰り返し構造などは，平均的な1か所を描き，残りは輪郭のみを描けばよい。

(5)　見たままの大きさに描くのではなく，より大きく描く。

(6)　引き出し線を定規で描き（手描きではスケッチと見分けがつかない），各部の名称を記入する。

(7)　必要と思われる部分の大きさをマイクロメーターなどで測定し，図中に記入する。

次の2つは19世紀の博物学者Agassiz《アガシ》（1807–1873）のよく引用される有名なフレーズである。

Study nature, not books. Observation through pencils.

“先入観を捨てて，虚心に対象にあたれ”ということだろう。その手段として“対象を一瞥《いちべつ》するのでなくじっくり見て，紙にトレースして細部まで詳しく読み取りなさい”と言ったのだと思われる。

スケッチを行うことで観察眼が養われ，対象物の本質をとらえることができる。スケッチしている間，対象物についていろいろなことを考える，つまり自ずと考察が始まっている。さらに，スケッチとしての記録が残ると同時に自身の記憶にも残る。上手く書く必要はなく，丁寧に描いてほしい。

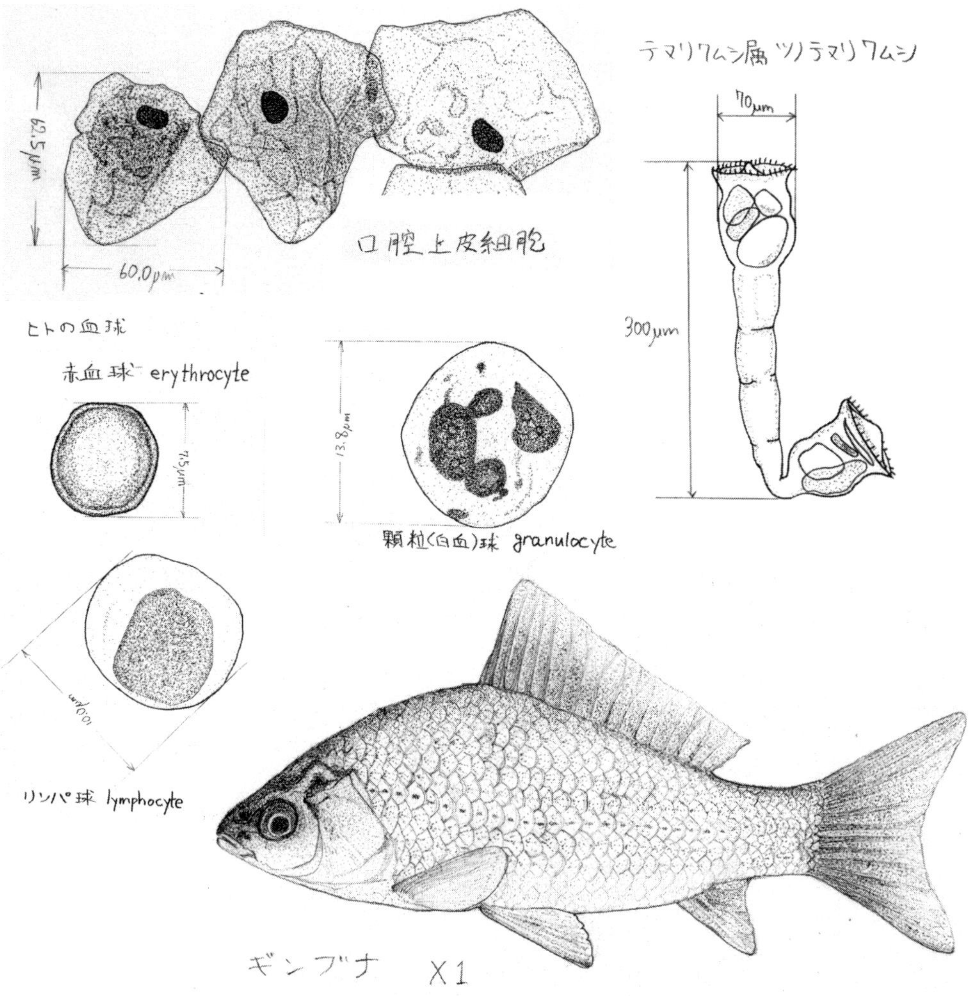
62.5μm
60.0μm
口腔上皮細胞
テマリワムシ属 ツノテマリワムシ
70μm
300μm
ヒトの血球
赤血球 erythrocyte
7.5μm
13.8μm
顆粒(白血)球 granulocyte
リンパ球 lymphocyte
ギンブナ　X1

図 1-2　スケッチの例

2 光学顕微鏡の取り扱い方

2.1 背景と目的

生物のしくみを知るためには，生体の形・構造・働きを知ることが大切である。肉眼観察では果たせない微細な構造を知るための装置が各種の顕微鏡である。この実験では，私たちの可視光を用いる光学顕微鏡（通常，単に顕微鏡という）の光学理論の基本を理解し，使用する顕微鏡の性能と限界を知り，正しく効率的な観察法を身につけ，以後の実験に活かすことを目的としている。

2.2 実験で使用する顕微鏡（OLYMPUS）について

2.2.1 各部の名称

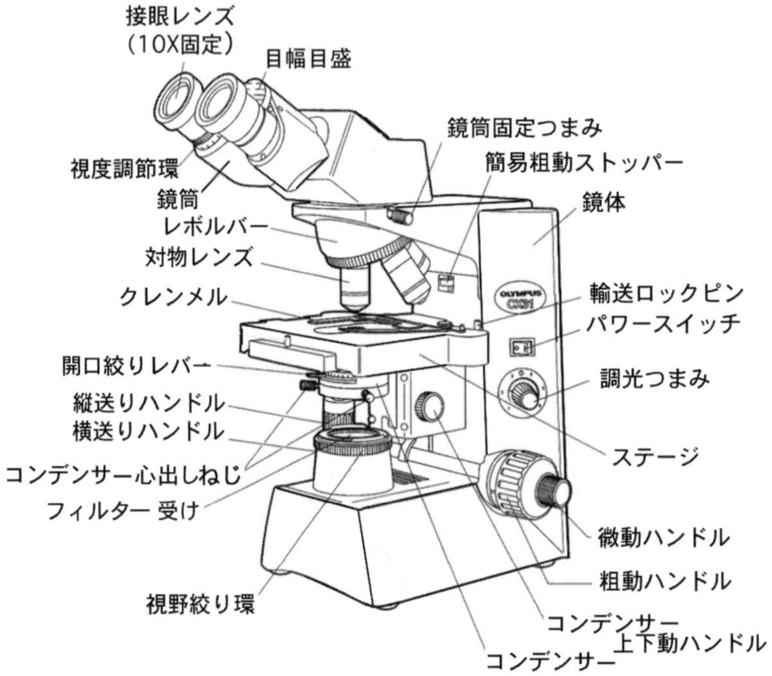

図 2-1　実験で使用する双眼顕微鏡（CX31）の各部の名称

2.2.2 顕微鏡を使用するときの注意点

・ロッカー収納時には，目幅目盛が最小（50 mm）になるように，左右鏡筒を閉じること。開いたままではロッカー天板に接眼レンズがぶつかる。

・双眼顕微鏡を持ち運ぶとき，図 2-2 のように底面①と背面の指掛け部②を持ち慎重に移動する。

・ステージ，ステージ送りハンドルや鏡筒を持つと破損の原因となるので持たない。

・フィルターが落下しないよう注意する。

・顕微鏡をずらすように移動させるとゴム脚が破損するので，持ち上げて移動させる。

2.2.3 顕微鏡の正しい持ち方

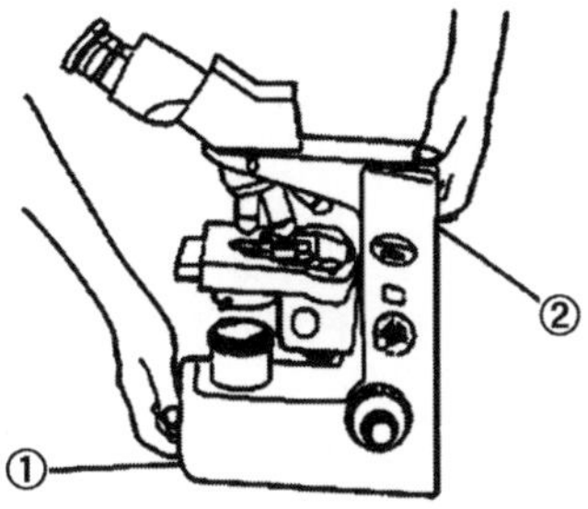

図 2-2 双眼顕微鏡の持ち方

2.2.4 光 学 性 能

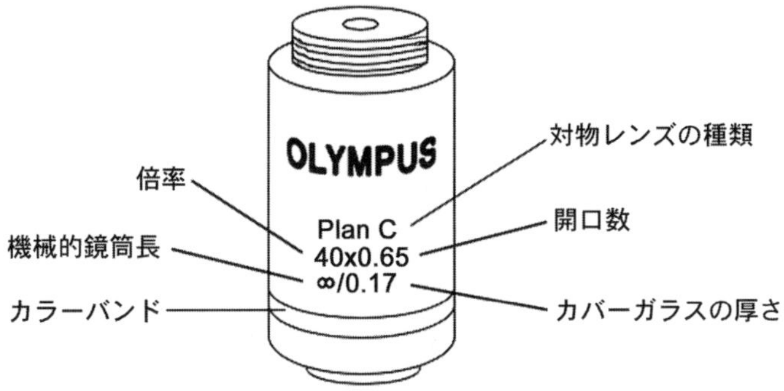

図 2-3 対物レンズに記載されている諸性能

表 2-1 光学性能表

光学性能 / 対物レンズ	倍率	開口数 N. A.	作動距離 W. D. (mm)	カバーガラス厚	分解能 (μm)	10×接眼レンズ（視野数 20） 総合倍率	焦点深度 (μm)	実視野
Plan C プランアクロマート （視野数 22）	4×	0.10	22.0	0.17	3.36	40×	175.0	5.0
	10×	0.25	10.5		1.34	100×	28.0	2.0
	40×	0.65	0.56		0.52	400×	3.04	0.5
	100×	1.25	0.13		0.27	1000×	0.69	0.2

Q ・光学性能表では作動距離が数値で具体的に表されている。—— 具体的数値が出せる理由は？

・開口数が大きくなるほど分解能（解像力）が大きくなる。—— その理由は？

2.3 用　　語

(1) 作動距離（working distance: W. D.）

正確にフォーカスを合わせたときの，対物レンズ前端とカバーガラス上面との距離。焦点距離の短い（倍率の高い）レンズほど，開口数（a）の大きいものほど短くなる。各レンズに固有の値が示されている（表 2-1）が，カバーガラスの厚みによって変わる[*1]。使用する顕微鏡の各レンズの W. D. を感覚的につかむことが大切である。

(2) 開口数（numerical aperture: N. A.）

開口数（a）は以下の式で表される。

$$a = n \sin \frac{u}{2}$$

n は媒質の屈折率，u は開角（光軸状の点状の被検体に焦点を合わせたとき，この点から対物レンズに入る光線のなす最大角）である。

(3) 分解能（resolving power: R. P.）

解像力ともいう。2 点を 2 つの点として区別できる最短距離。分解能（δ）は次式で与えられる。

$$\delta = \frac{\lambda}{a} = \frac{\lambda}{n \sin \frac{u}{2}}$$

λ は観察に使用した光の波長である。

(4) 焦点深度（focal depth: F. D.）

被検体の 1 点に焦点を合わせたとき，その点の上下にある点も同時に焦点が合って見ることができる上下の距離（厚さ）。焦点深度が深い，浅いという言い方をする。焦点深度（T）は次式で表される。

$$T = \frac{250\, n\omega}{aM} + \frac{n\lambda}{2a^2}$$

M は総合倍率である。ω は弧度法で表した眼の分解能で，視力 0.15 の場合は約 0.002 ラジアンとなる。焦点深度は観察者の目の調節能力によって理論的な値より深くなることがある。絞りによっても変わる。観察目的，状況に応じて絞りの調節をすることが大切である（式中の 250 はヒトの目の明視距離を mm 単位で表したもの）。

(5) 視野と視野数

接眼レンズの絞り（視野絞り，これは固定絞りである）によって円形に囲まれて見える部分が視野（field of view）。視野の広さを表す数値が視野数である。視野にないものは見えないが，視野内であっても焦点深度内にないものは見えないことを理解する。

(6) 実視野

視野の直径を標本面での大きさで表したもの。接眼レンズの視野数を対物レンズの倍率で割った値（mm）である。

---

*1　光学性能表の各レンズの W. D. の値は，そのレンズにとっての理想的な厚さ（対物レンズに刻印されている）のカバーガラスを使用したときのものである。この実験で使うカバーガラスの厚さは 0.17 mm である。

(7) 総合倍率

対物レンズの倍率×接眼レンズの倍率。

2.4 可 視 空 間

可視空間とは，視野と焦点深度で囲まれる，観察可能な3次元空間である。この可視空間の“容積”は対物レンズの違いで大きく変わる。

光学性能表（表2-1）の値を使って，1回の焦準操作で観察可能な空間容積を計算すると，表2-2のようになる。

表 2-2 可視空間容積

対物レンズの倍率	10×	40×	100×
可視容積（mm^3）	8.8×10^{-2}	6.0×10^{-4}	2.17×10^{-5}

表2-2をもとに各対物レンズでの可視空間容積の比をとって比較すると表2-3のようになり，また焦点深度を比較すると表2-4のようになる。

表 2-3 可視空間容積比

対物レンズの倍率	10×	40×	100×
	146.7	1	—
	4055.3	27.6	1

表 2-4 焦点深度比

対物レンズの倍率	10×	40×	100×
	9.2	1	—
	40.6	4.4	1

表2-3から，低倍（10×）のレンズでは高倍（40×）のレンズの約150倍を一度に観察できることがわかる。低倍のレンズほど視野が広く，焦点深度が深いためである。

表2-4から，10×レンズでは1回の焦準操作で，40×レンズの約10倍の厚み分を観察できることがわかる。

また表2-1より，10×レンズの作動距離は10.5 mmと長く，40×レンズの0.56 mmに比べて操作性で格段に優れている。

これらの理由により，顕微鏡観察では低倍の対物レンズから観察を始める。

2.5 光学顕微鏡観察の手順

1. 自分の座席番号と同番号の顕微鏡をロッカーから出して自席へ運ぶ

・図 2-2 を参考に，アームをしっかり持って，片方の手でベースの底を支える。

・接眼レンズは鏡筒に差し込まれているだけなので，はずれて落ちないよう気をつける。

2. 鏡筒の向きを変える

・収納のため，鏡筒の向きが 180° 変えてある。鏡筒クランプねじを緩めて，図 2-1, 図 2-2 のように鏡筒の向きを変え，ねじを締める (ねじを緩めすぎてはずさないよう気をつける)。

3. 微動・粗動ハンドル，ステージなどに異常がないか点検する。また，レンズの汚れを確認する

・異常があった場合は担当者または TA に申し出る。

・レンズの汚れはブロアーやレンズペーパーで取り除く。キムワイプやティッシュペーパーはレンズを傷つけるので使用しない。汚れが取れないときは教員または TA に申し出る。

4. パワースイッチを入れる

・**パワースイッチが OFF に，調光つまみがゼロになっていることを確かめてから**プラグをコンセントに挿し，パワースイッチを入れる[*2]。

・顕微鏡の電源コードが長すぎる場合は光源部 (熱をもつ) を避けて本体ベースに緩く巻く[*3]。

5. プレパラート (標本) をステージにセットする

6. ピントを合わせる (対物レンズとプレパラートがぶつからないよう，以下の要領で行う)

(1) 対物レンズは 10 倍のものを使う。肉眼で見ながらステージを動かして観察対象を対物レンズの下に持ってくる。**作動距離の短い 40 倍対物レンズですぐに観察しないこと** (2.4 節の可視空間を参照)。

(2) 横から目で見ながらプレパラートの載ったステージを対物レンズに近づける。

(3) 接眼レンズで覗きながら焦点がだいたい合うまで粗動ハンドルでステージを下げる。

(4) 微動ハンドルで焦点をきっちりと合わせる。微動ハンドルを数回転させてもピントが合わないときは，始めからやり直す。**接眼レンズで覗きながら粗動ハンドルでステージを上げてはいけない。**

---

*2 高電圧を急に掛けると光源ランプが切れることがある。スイッチを切るときは調光つまみをゼロにしてからパワースイッチを切る。

*3 電源コードは全部ほどいて使うのが本来の姿だが，実習室では全部ほどくとコードが足下に垂れて危険である。

(5)　40 倍対物レンズで観察する場合は，(4) まで行った後で 40 倍対物レンズに変える。この状態で焦点はだいたい合っているので，微動ハンドルで調節するだけでよい。微動ハンドルを前後 2 回転させても焦点が合わないときは，10 倍対物レンズでの焦点合わせからやり直す。決して，**接眼レンズで覗きながら粗動ハンドルでステージを上下させてはいけない**。

7. 明るさを調整する

・コンデンサーレンズ (集光レンズ) は一番上あるいはそれよりほんの少し下になるように調節する。

8. 明るさを調整した後，もう一度標本に正確にピントを合わせる

9. 絞りを調節する[*4]

2.6　接眼マイクロメーター

顕微鏡で標本の大きさを測るには接眼レンズに接眼マイクロメーター (目盛りは 10 mm を 100 等分) を取り付ける。接眼マイクロメーターの装着法は使用する接眼レンズのタイプによって異なるが，接眼レンズの視野絞りの位置に装着するのが基本である。今回使用するものについては下記を参照すること。

2.6.1　取り付け方 (双眼顕微鏡は取り付け済み)

1. 鏡筒から接眼レンズをはずす。
2. 接眼レンズ下部の押さえリングを抜き取る (図 2-4)。

図 2-4　接眼マイクロメーターの取り付け方

---

*4　コンデンサーレンズの絞りの開閉をうまく調節して観察する。色の形や情報が絞りの開閉によって変化し，光量が同じでも見え方が異なる。絞りを開け気味にすれば色の情報は得られるが，コントラストが低くなり形はわかりづらくなる。閉じ気味にすれば逆に，色の情報はあまり得られないが (＝白黒像に近くなる)，コントラストが高くなって形がわかりやすくなる。また，絞りを開け気味にすれば焦点深度が浅くなり (＝焦点の合っている奥行きの範囲が狭くなり)，閉じ気味にすれば焦点深度が深くなる。

3. 接眼マイクロメーター（ϕ19 mm）をきれいに拭いて，彫刻面を下にして，押さえリングに載せる。

・接眼マイクロメーターは自分の座席番号と同じ番号のケースのものを使用すること。

4. 押さえリングを接眼レンズ下部に差し込む。
5. 接眼レンズを鏡筒に戻す。

・下部押さえリングをつけ忘れて鏡筒内に接眼マイクロメーターを落とし込む人がいる。そのような時は教員またはTAにただちに申し出る。

2.6.2 計 測 法

接眼マイクロメーターには長さの絶対値が与えられていない。対物マイクロメーター（長さ1 mmの線を100等分した目盛りを刻んである）をステージにセットし，接眼マイクロメーターを装着したレンズと低倍の対物レンズの組み合わせで覗き，接眼マイクロメーターの目盛りを対物マイクロメーターの目盛りに合わせて，接眼マイクロメーター1目盛りの絶対値を算出する。同じことを高倍の対物レンズについても行う。一度この操作を行えば，同一の顕微鏡で同じレンズ，接眼マイクロメーターを使う限り同じ値を使って試料のサイズを測ることができる。

2.7 視野にゴミが見えるとき

顕微鏡の異状を見つけたら，その時点で教員またはTAに申し出る。よく起こる一例として，視野にゴミが見える場合の対処の仕方を流れ図で示す（図2-5）。

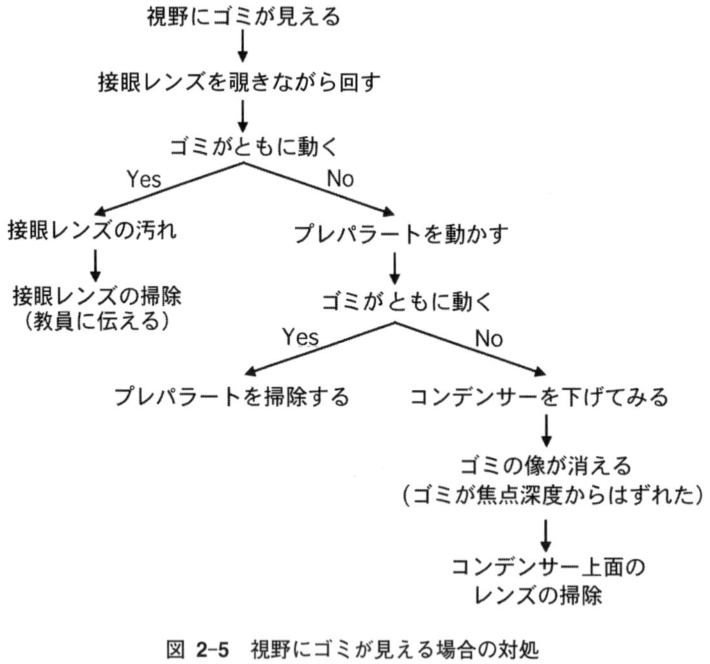

図 2-5　視野にゴミが見える場合の対処

2.8　実験：顕微鏡による永久プレパラートの観察

各テーブルに用意してある5種のプレパラート（A°・A・AA・B・D）を観察する。これらは，ある生体材料を適当に切片にして，ヘマトキシリン・エオシンの二重染色を施した永久プレパラートである。切片の厚さは5 μm以下*5。

光学顕微鏡で見えるのはものの“形と色”である。5種類の記号のついたプレパラートをよく観察して，これら全体から切片のもととなった材料の立体構造を推定する。ただし，材料が何かを当てる必要はない。具体的な生物や材料の名称を聞いているのではないという点に特に注意する。どんな形をしているかを読み取るのが問題である。

2.8.1　観察の仕方

顕微鏡の使い方については，2.5節の光学顕微鏡観察の手順などを参照。

1. 視野に観察対象の像を出すことから始めて，自分の顕微鏡の10倍対物レンズの作動距離を把握する。5種類のプレパラートを一通り見て概要をつかむ。この操作の繰り返しでステージへのプレパラートのセットの仕方，視野へ像を出す要領を身につける。この段階まではスケッチはしないで，両手で顕微鏡操作をする。
2. A°をじっくり観察して，次に他のものと比較する。同じ部分，違う部分を把握する。Bは視野に入れるのは他に比べて簡単だが，なぜだろうか。AAが見づらいのはどうしてだろう。いろいろ考えて観察する。個々のプレパラートごとに光量，絞りの調節や微動操作を行って詳しい観察をする。
3. どんなものが見えるかという見当がついたところで，改めてA°をセットし，ケント紙にスケッチを始める。

2.8.2　後片づけ

1. プレパラートはガーゼできれいに拭き，マッペの指定場所に戻す。
2. 接眼マイクロメーターを顕微鏡番号（＝座席番号）と同番号のケースに戻す。
3. 顕微鏡のステージにプレパラートが残ってないことを確認する。
4. 鏡筒クランプねじを緩めて，鏡筒の向きを180°変え，始めの収納時の状態に戻してからクランプねじを締める。
5. 顕微鏡をロッカーに戻した後，チェックリストで確認する。

---

*5　標本の厚さは，最大が5 μmで，それより薄いものもある。部分的に薄いところが含まれているものもある。顕微鏡の微動ハンドルの1目盛りの移動で2〜2.5 μm程度標本が上下する。

2.9 レポート課題

今日のテーマで実際に行うことをレポート形式に沿って示すと以下のようになる。

テーマ　光学顕微鏡（光顕）の取り扱い方

目的　光顕の取り扱いに習熟すること。

材料　任意の角度で切片にされたある生体材料の永久プレパラート。切片の厚さは5 μm以下，ヘマトキシリン・エオシンの二重染色。

方法　用意された永久プレパラートを，光顕の取り扱い方に従って観察・スケッチする。プレパラートを一通り観察したうえで，全体像を解析するのに必要と思うところを，必要と思う大きさ・精度でスケッチする。どこを測ったら対象の立体像の把握に役立つかよく考えて，顕微鏡下で対象の大きさを測定し，スケッチにその結果を記入する。

結果　全体図，部分拡大図，観察メモなど。スケッチには観察倍率，計測した値を入れる。どのような図をどれだけ描くか。絵の上手下手ではない。自分が観察したことが正確に表現されている図を目指す。観察したものすべてを詳細に描く必要はない。部分的に簡略化してよい。詳細に描く意義がある部分かどうかは自分で考える。スケッチで表現できないときはメモをつける。

考察　全体を総合して，観察対象の立体構造の模式図を描いて，各プレパラートの試料が模式図のどの断面を示しているかを図中に示す。図解することで長時間の観察で得た内容が整理できる。自分で作成した模式図で第三者に無理なく観察結果が伝えられるかを検討する。無理があるようなら，問題のありそうな箇所に関係するプレパラートをもう一度観察して，問題を解決する。

　実験後半で試料について解説する。自分の考えた模式図が示されたものと違った場合は，なぜ自分は間違ったのか，どの部分の観察が足りなかったのかなどを，2つの模式図を対比させて検討する。それまでの記録は実験者の実験時間の軌跡であり，担当者から見れば指導上の問題点を抽出する泉でもある。この実験で求めるレポートは正解のみを求める答案用紙ではないので，観察結果のスケッチとメモ，思考過程での図などは，解説を聞いて間違っていたと思っても消さないで必ず残しておく。

感想　採点の際に，模式図が正しかったかどうかは問題にしない。解説を聞いた後，自分の模式図や考察を書き直すのではなく，解答を知ってから以下のことについて素直な気持ちでまとめなさい。

(1)　なぜ正しい推論ができたのか，できなかったのか。

(2)　切片の厚さはなぜ5 μm以下に設定されたのか。

(3)　この実験で顕微鏡について学んだこと。

2.10 補　遺

初めての顕微鏡実験にあたって，正確な観察を心がける。今回使用するプレパラートは顕微鏡操作に慣れることを目的に作製してある。視野や焦点深度内に検体を呼び込むことは通常のものよりやや困難であるが，一度とらえた像を正確に観察する点に関しては問題ないはずである。次回以降の顕微鏡実験では検体を探すこと自体に苦労することはないと思われるが，見つけたもののどこを見るべきかが問われる。また微動操作で視野の像が変わることが体験できる。焦点深度の意味をよく理解して，まめに微動操作を行い，検体を立体的にとらえるという気持ちをもって観察すること。

3 プランクトンの観察

3.1 背景と目的

プランクトン (plankton) とは，水中に浮遊して生活する生物群を示す用語である。水生生物の生活様式としては，水底で生活するベントス (benthos) や，水中を泳ぎ回るネクトン (nekton) などもある。この実習では，実際にキャンパス内の池でプランクトンを採集し，顕微鏡で観察，スケッチ，同定 (生物の名前，つまり学名と和名を明らかにする作業) を試みる。生きた生物の顕微鏡下での観察を通して，顕微鏡の使い方に習熟するとともに，小さな池にもいろいろな生き物が生息していることを実感し，生物多様性 (biological diversity) の一端にふれることも目的である。

3.2 実　　験

3.2.1 プランクトンの採集

採集用具のプランクトンネットは，ミュラーガーゼと呼ばれる特殊な織り方で編まれたメッシュでできている (図 3-1)。水はメッシュを自由に通過するが，メッシュの網目サイズ以上の水中の物体はメッシュを通過できず，ネットの底にたまる。したがって，プランクトンといえども細菌のような微小生物は，この方法では採集できない。一般に，動物プランクトン (zooplankton) は大型で，植物プランクトン (phytoplankton) は小型である。動物プランクトンだけを観察したいときは，メッシュサイズの大きなネットを使えばよい。本格的な採集を試みる場合は，沖あいに船で出てネットを引くが，実習では簡便法として岸からの採集を行う。

野外での採集なので，活動的な服装で参加すること。特に雨上がりなどの場合は足元が悪い場所もあるので，ふさわしい靴をはいてくること。

1. ネットの“ひも”のねじれを直し，底のコックが閉じていることを確認する (図 3-2)。ネットによって，コックの開閉がガス栓などと同じになっているものと，正反対になっているものとがあるので注意。
2. ひもの末端のループを片手の手首に通す。これを忘れると，ネットを池の真ん中に投げ飛ばしてしまい，回収困難となることがあるので注意。
3. 水際に立ち，ネットを沖に向けて大きく投げる。次いで，適当な速さでネットを手繰り寄せる。あまり早く引くと，水が十分にメッシュで濾過されない。あまりゆっくり引くとネットが沈みがちになり，やはり水が十分に濾過されず，同時にしばしばネットの底部が池の底について泥だらけになってしまう。

図 3-1　プランクトンネット

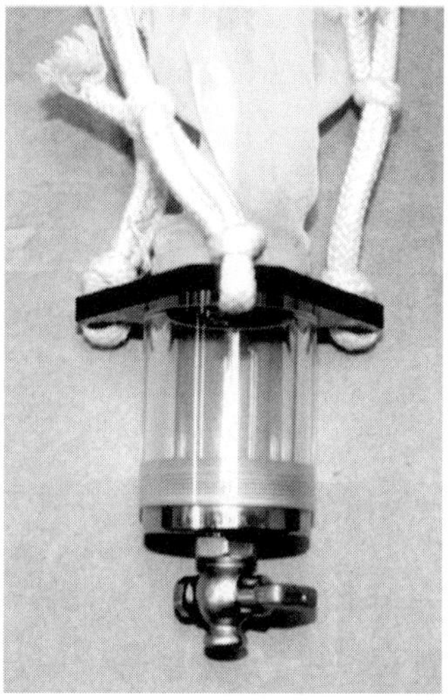

図 3-2　プランクトンネットの底部
このプラスチック製の円筒部にプランクトンがたまる。コックがこの写真の状態で“開”となるタイプと“閉”となるタイプがあり注意が必要。

4. コックを開いて，底にたまったプランクトン入りの水を三角コルベンにあける。
5. 再度コックを閉じて，同じ操作を 10 回ほど繰り返す。
6. 三角コルベンに十分にプランクトン入りの水がたまったら，最後にプランクトンの濃縮を行う。コックを閉じて，ネットを垂直に保ち，三角コルベンにたまった水をネットの中央に注ぐ。底にたまった水を三角コルベンにあける。次いで，コックを再度閉じてネットを垂直に持ち，水中で上下させる。これはネットの内側についているプランクトンを洗い落とすためである。この操作で底にたまった水も三角コルベンにあける。
7. しばしば水中のゴミでコックの穴が詰まるので，針金などで穴のゴミを除くか，コック部分全体をはずして洗う。コック部分をはずした場合は，十分にねじ込んで再装着する。ねじ込みが緩いと，何度か使用した後で，コック部分だけが池の底に落ちてしまうことがあるので注意。

3.2.2　プランクトンの観察

1. 採集物を実習室に持ち帰り，顕微鏡で観察する。使用したネットは，水を張った流しで洗い，実習終了時に流しの配管などに掛けて乾かす。
2. スライドガラスにピペットでプランクトン入りの水を 1 滴とり，カバーガラスをかけて顕鏡する。中央に凹みのあるホロースライドガラスを使うと，一度に比較的多くのプランクトンを観察できる。しかし，これは動き回る動物プランクトンの観察には向かない。平らなスライドガラスを使うと，一度に多くのプランクトンを観察することはできないが，プランクトンの動きは緩やかになり観察しやすい。それでも動きが速く観察しにくいときは，水の量を加減する。ティッシュペーパーなどで余分な水をカバーガラスの端から吸い取ってもよいが，吸いすぎると，ミジンコなどはカバーガラスに押しつぶされてしまうこともあるので注意が必要である。

3. 最初は10倍の対物レンズで観察し，小型のプランクトンの場合は40倍も併用する。特に，ステージの下にあるコンデンサー（集光器）の“開口絞りレバー”に注意。動物プランクトンは透明に近い種が多いため，絞りをある程度絞って体の輪郭を出さないと観察しにくい。植物プランクトンの場合は，色調が問題になるので，絞りはあけ気味にして，本来の色を観察する。
4. 最初は，水中のゴミ，ティッシュペーパーの繊維のくず，カバーガラスを掛けたときに生じた気泡などを観察することが多いので注意。
5. 植物プランクトン4種，動物プランクトン4種を一応の目安としてスケッチする。絵を描くこと自体が目的ではないが，スケッチを通して細かな構造を観察することになり，記憶に残りまた記録にもなる。スケッチは硬めの鉛筆（H・2H）で大きめに，また基本的には線で描くこと。美術のデッサン風のものはよくない。植物プランクトンに関しては，スケッチの後，色鉛筆で薄く色づけしてもよい。

3.2.3 プランクトンの同定

1. 植物プランクトンは湖沼生態系（lake ecosystem）の生産者（producer），動物プランクトンは消費者（consumer），また実習では観察できないが細菌プランクトン（bacterial plankton）は分解者（decomposer）である。植物プランクトンの場合は，葉緑体（chloroplast）内の光合成色素（photosynthetic pigment）の差異に依存した色調が重要な手がかりになる。同じ緑系統の色でも，藍藻（cyanobacteria）はやや灰色，青色，黒味がかっていることがあり，珪藻（diatom）や渦鞭毛藻（dinoflagellate）ではやや黄褐色がかり，ミドリムシ（*Euglena*）や緑藻（green algae）ではきれいな黄緑色をしている場合が多い。キャンパス内の池は富栄養化しているので，そのような環境を好むプランクトンが多い。
2. 「日本淡水プランクトン図鑑」（水野寿彦著，保育社）の巻頭には，カラーの顕微鏡写真の図版がまとめられているので，おおまかな見当をつけるのに便利。本文は比較的詳しく，多くの種が掲載されているが，わかる範囲までの同定でよい。無理にどれかに当てはめようとしないこと。外形，色調の他に，分布も参考になる。例えば，「北海道阿寒湖で採集される」などとあれば，キャンパス内から採集される可能性は極めて低い。
3. 「やさしい日本の淡水プランクトン図解ハンドブック」（滋賀の理科教材研究委員会編，合同出版）は，中高校生向けのものであるが，内容はかなり詳しく，カラーの顕微鏡写真が多く掲載されているので便利である。6〜7ページの見開きには，スケッチであるが淡水プランクトンの全容が掲載されており，同定のスタートラインとなる。
4. 「日本淡水産動植物プランクトン図鑑」（田中正明著，名古屋大学出版会）は，新しい知見の取り込まれた詳しい図鑑である。巻頭にはカラー写真の図版があり，巻末にはゴミや気泡など，プランクトン以外でしばしば目につくものの写真がまとめられているので参考になる。

3.3　レポート課題

観察したプランクトンのスケッチ（動物プランクトン 2 種，植物プランクトン 2 種）を提出する。

3.4　おもな淡水プランクトンの解説

（1）　アオコ（*Microcystis*）

シアノバクテリア（藍藻）の一種で，古典的には植物プランクトンであるが，実際には細菌と同じく原核生物である。黒い小さな細胞がたくさん集まっている。しばしば異常増殖し「水の華」を形成する。

（2）　ミドリムシ（*Euglena*）

植物プランクトン。単細胞生物。植物的性質と動物的性質をもち，古くから植物か動物かといった議論があった生物であるが，最近の分類ではユーグレナ類として独立の門として扱われている。黄緑色をしており，変形しながら移動する（すじりもじり運動）。体の先端に赤い眼点があることに注意。鞭毛は瞬間的にしか見えない。

（3）　アオミドロ（*Spirogyra*）

植物プランクトン。細胞が糸状につながった緑藻類の一種。黄緑色の葉緑体が螺旋状になっているのが特徴。障害を受けると細胞質が収縮したりして，きれいな螺旋状に見えないこともある。たくさんの種類があって，種までの同定は困難。

（4）　クンショウモ（*Pediastrum*）

植物プランクトン。細胞が勲章のような形に配列した緑藻。きれいな黄緑色で形も特徴的なので，見つけたらスケッチしてみよう。

（5）　ツノモ（*Ceratium*）

植物プランクトン。単細胞生物。いわゆる渦鞭毛藻の一種であるが，最近の分類ではアレベオラータ（Alveolata）として独立している。やや黄褐色がかっている。海産のツノモは種類が多いが，淡水産の種では *Ceratium hirundinella* がたびたび観察される。

（6）　ケイソウ類（diatoms）

植物プランクトン。単細胞生物。最近の分類では，褐藻類と同じくストラメノパイル（Stramenopile）とされ，植物には含まれない。移動しているように見えるが，水の流れによる受動的なものである。やや黄褐色がかっている。種類は極めて多く同定は困難であるが，外形から属までは明らかにできる（ハリケイソウ *Synedra*，ハネケイソウ *Pinnularia*，フナガタケイソウ *Navicula*，クサビケイソウ *Gomphonema*，クチビルケイソウ *Cymbella*，イチモンジケイソウ *Eunotia*，コバンケイソウ *Surirella* など）。

（7）　ワムシ類（rotifers）

動物プランクトン。輪形動物（rotifer）。繊毛冠（corona）を動かして遊泳する。フクロワムシ（*Asplanchna*）やツボワムシ（*Brachionus*）などの種が代表的。淡水の代表的プランクトンである。海洋では少ない。

（8）　ミジンコ類（Cladocera）

動物プランクトン。節足動物甲殻類（Arthropod crustacean）の鰓脚類（brachiopod）の一種である。卵形の種が多い。卵が体内で発生するため，幼生は生じない。図鑑には横から見た図が記載され，あたかも複眼が一対あるような印象を受けるが，この眼は実際には正中線に位置する。顕微鏡下ではしばしば背側を上にしていることがあり，図鑑の図とはまったく違う形に見える。季節によってはゾウミジンコ (*Bosmina*) が繁殖し，しばしば見られる。海洋では少ない。

(9)　ケンミジンコ類 (Copepoda)

動物プランクトン。ケンミジンコは甲殻類の橈脚類 (copepod) に属する。ダニのような形をしたノープリウス (nauplius) 幼生を生じる。ケンミジンコは淡水にも海にも極めて多く，魚類などの餌として食物連鎖 (food chain) のうえでも重要な位置を占めている。完全に透明なものは，脱皮殻 (molting shell) である。

4

陸上植物の体制と組織構築

4.1　背景と目的

植物は光のエネルギーを利用して，水と CO_2 から炭水化物を合成する。このプロセスを光合成と呼ぶ。光合成によって得た炭水化物は，植物自身のみならず，ほとんどすべての生物のエネルギー源である。植物のこの営みがあって初めて私たち動物は生存できる。植物はどのような体制で，光合成を行い生活しているのだろうか。

陸上植物の祖先は水中で生活していた。植物が上陸したのは今から 4～5 億年前のことである。陸上は乾燥が著しいので，植物は体表面に水を透過しにくいクチクラ層 (cuticle layer) を発達させ，蒸発散によって体内の水が失われることを防いだ。ところが，クチクラは光合成の原料である CO_2 も透過しない。“水は失いたくないが，CO_2 は吸収したい”というのが，陸上植物のジレンマである。植物はこのジレンマを根本的には解決できなかったが，気孔というバルブを環境条件に応じて開閉し，蒸散量あたりの光合成による CO_2 固定量 (水利用効率) を最大化している。

植物の生育に好適な環境では，単位面積あたりの植物個体数が多いので，個体間に資源をめぐる競争が起こる。植物が背丈を伸ばし，光を受けやすい位置に葉を展開するのは，光をめぐる競争が起こる環境への適応の結果である。また，植物は土壌から水や無機栄養分を吸収し植物体を支持するための器官である根も発達させた。これらの器官は茎によって連絡されている。茎には厚い細胞壁をもつ厚角組織や厚壁組織が発達しており，支持器官としての茎の力学的強度を高めている。また，葉と根とは維管束によって生理的に連絡されている。

動物には種々の器官があるが，植物の器官は根・茎・葉のみである。茎と葉をまとめてシュートと呼ぶ。花もシュートとしてとらえることもできる。がく片，花弁，雄ずい，雌ずいの心皮は，いずれも葉的器官であり，まとめて花葉と呼ばれる。花は，茎にこれらの花葉が配されたものである。発芽後のシュート器官は茎頂分裂組織で作られる。茎頂分裂組織には幹細胞が存在し，器官を作る細胞を供給しており，茎頂分裂組織辺縁部で増殖が活発になる領域が生じて葉原基となる。茎頂分裂組織と若い葉を含む構造を「芽」と呼び，茎の先端に存在する芽を頂芽，葉の付け根 (葉腋) に作られる芽を側芽という。頂芽も側芽も基本的には同等のものである。花芽は頂芽や側芽と相同であり，葉の代わりに葉の相同器官としての，がく片，花弁，雄ずい，心皮の原基が順に形成される (図 4-1)。

根では根端分裂組織で細胞分裂が起きているため，根端分裂組織から離れるに従って細胞分裂後の時間が経っている。根端分裂組織での細胞分裂では，ほとんどの場合，根の長軸に垂直な方向に細胞分裂面を作る。そのため，根の細胞は長軸方向につながった細胞列

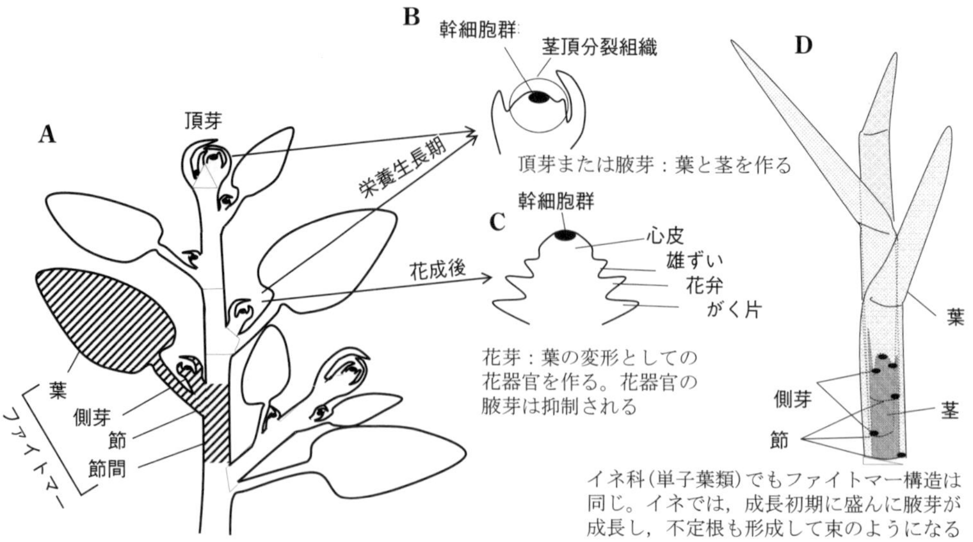

図 4-1　シュートの基本構造

双子葉植物も単子葉植物も基本は同じであり，ファイトマーの繰り返しである。側芽と頂芽は基本的に同じであり，側芽も成長して同じシュート構造をとる。B: 茎頂分裂組織の幹細胞領域に由来する細胞が押し出され，茎頂分裂組織辺縁部で増殖が盛んになって葉原基が形成される。C: 花芽（花になる）では葉の変形として，がく片，花弁，雄ずい，雌ずいが順に形成される。A–C: 双子葉植物。D: 単子葉植物（出典: 柿本 著，町田他 監修，高校生物解説書 植物編，講談社 (2014) を改変）

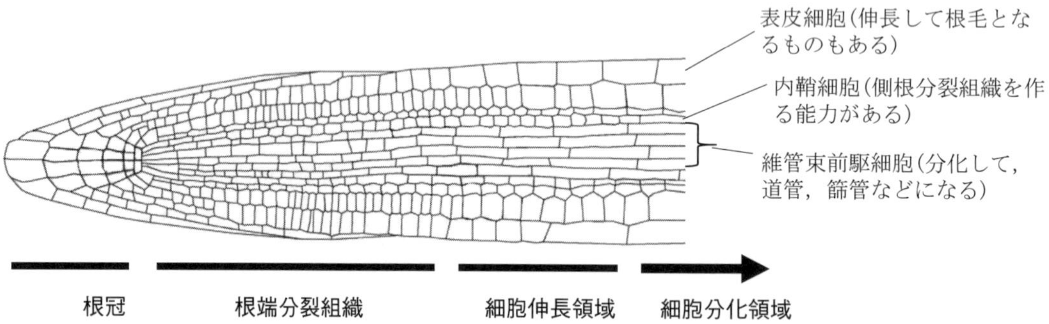

図 4-2　シロイヌナズナの根の模式図

根端分裂組織で細胞が分裂し，その後縦方向への伸長，分化が起きる。
（出典: Péret ら，Trends in Plant Science (2009) を改変）

を形成する。根端分裂組織よりも基部側（根端と逆側）で細胞は伸長し，さらに基部側で様々な種類の細胞へと分化する（図 4-2）。根の枝分かれである側根は，内鞘細胞が細胞分裂して作られる側根分裂組織（根端分裂組織とほぼ同じ構造と機能をもつ）の成長によって形成される。

植物は，少ない種類の器官によって成立するユニット構造（module，例えばシュートの単位はファイトマーと呼ばれる（図 4-1））の繰り返しによって構造を構築する。このような体制をもつ個体を modular structure な個体と呼ぶ。module は，親個体から離れて，新たな個体として振る舞うことがある。株分けで増える植物，球根や地下茎で増える植物などはその例である。したがって，modular な個体の“個体性”は曖昧である。これに対して個体性のはっきりした，分節構造をもたない個体を unitary な個体と呼ぶ。

器官はいくつかの組織から成り立っている。関連する組織をまとめて組織系と呼ぶ。植物の組織は 3 つの組織系，すなわち，表皮系（epidermal system），維管束系（vascular system, fascicular system），基本組織系（ground system, fundamental tissue system）に大別することができる。表皮系の機能は植物体の保護である。根の表皮の根毛は，水や無機栄養分の吸収のために有効な体表面積を大きくしている。また，葉の表皮組織には気孔を形成する孔辺細胞があり，光合成に必要な CO_2 の取り込みや蒸散などを調節している。気孔の開閉は孔辺細胞への水の出入りで調節されている。孔辺細胞が水を取り込んで膨らめば気孔が開き，水を排出してしぼめば気孔は閉じる。また，表皮細胞の一部はトリコームと呼ばれる毛に分化しており，トリコームが防虫物質などを分泌する植物種も多い。一般に，種子植物の表皮細胞は発達した葉緑体をもたないが，孔辺細胞は例外で葉緑体をもつ。葉の内部には葉肉細胞と呼ばれる組織があり，光合成を行っている。葉の上面側は柵状組織と呼ばれる細長い細胞，下面側は海綿状組織と呼ばれる不定形の細胞からなっており，海綿状組織には広いエアスペースがある。

維管束組織（図 4-3，図 4-4）は木部（xylem）と篩部（phloem）から構成され，木部の道管は水や無機栄養の輸送に，篩部は炭水化物やアミノ酸などの栄養分の輸送に関与している。道管は，両端に穴が開いた死細胞がつながった管であり，葉での蒸散によって水が移動する。道管は管径が小さく，内壁は親水性である。水分子どうし，また水分子と内壁の成分の間に水素結合が生じるので道管内の水は途切れることなく高所にまで運ばれる。篩管を構成する細胞は核を失い，小さな穴で上下の細胞どうしがつながっている。この小さい穴がたくさん開いた部分を篩板と呼ぶ。篩管を構成する細胞は核をもたないが，隣接する伴細胞から mRNA やタンパク質などの生体分子の供給を受けて生きている。植物では光合成を行う器官では糖やアミノ酸などの栄養分の合成量は使用量を上回るが，根，いも，種子などは成長している時には栄養分を使うばかりである。そのため，植物体内で糖やア

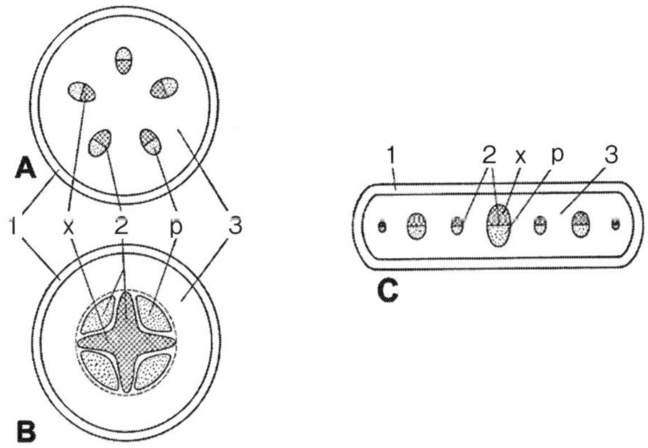

図 4-3　茎と根と葉における組織系の分布と比較（横断面）

A：茎，B：根，C：葉。1：表皮系，2：維管束系，3：基本組織系，x：木部，p：篩部
（出典：植物の形態，裳華房を改変）

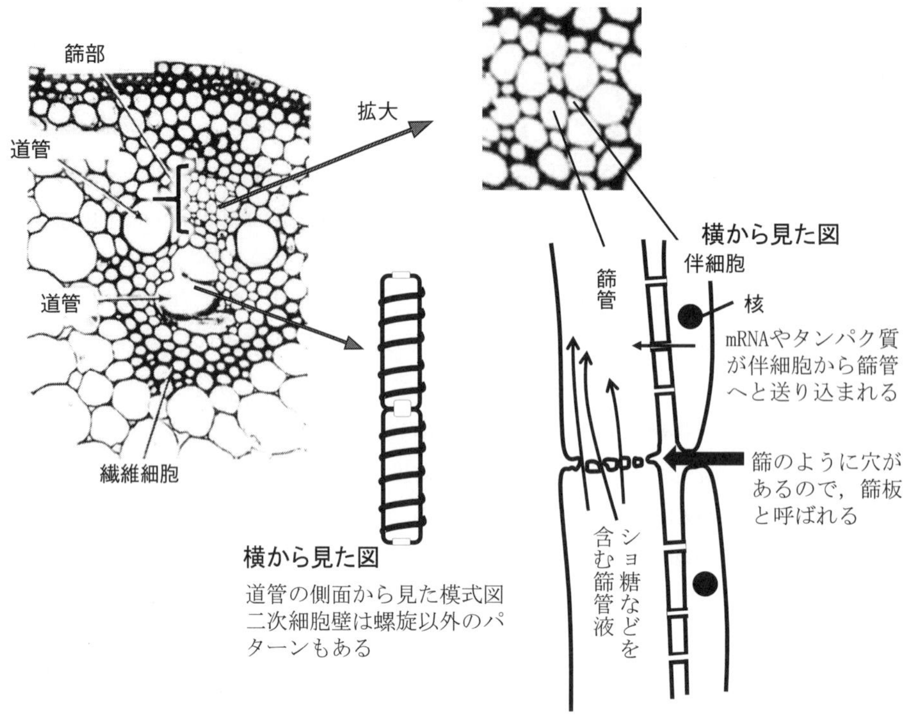

図 4-4　トウモロコシ茎の維管束
維管束は，篩部と木部からなる。木部に作られる道管は死細胞からなり，上下の細胞間に穴が空いていて水を輸送する経路となる。道管の細胞側壁には，箍《たが》をはめるような螺旋型などの肥厚があることが一般的であり，側方から観察すると認識できることがある。篩管の細胞は核を失っているが，隣接する伴細胞から物質の供給を受けて生きている。篩部の断面は大きめの篩管細胞と小さな伴細胞からなる特徴的なパターンになる。伴細胞はトルイジンブルーで濃く染まる。

ミノ酸などの栄養分の輸送が行われている。栄養分を送り出す器官をソース器官，取り込む器官をシンク器官と呼び，栄養分は篩管を通して輸送される。植物の成長に伴ってソースとシンクの関係が変わることもある（例えば，未熟な葉はシンク器官であるが，光合成能力が上がるとソース器官となる）。ソース器官では，エネルギーを用いた分子ポンプを用いて篩管内にショ糖が送り込まれ，篩管の中の浸透圧が上昇し，その結果として水も引き込まれて篩間内の圧力が上昇する。シンク器官ではショ糖を取り出すので浸透圧が低く，圧力が低い。この圧力差が篩管液の流れを生み出している。茎の維管束では内側が木部，外に近い方に篩部が存在しており，茎の維管束はそのまま葉の維管束とつながっているので，葉では上面側が木部となる。基本組織系は表皮系と維管束系の間を埋めている組織からなり，おもに柔組織（parenchyma），厚角組織（collenchyma），厚壁組織（sclerenchyma）からなる（図 4-5）。ナシの果肉にある石細胞は厚角組織の一例である。維管束内の繊維は厚壁組織である。これらは植物体に機械的な強度を与え，被食からの防御にも役立っている。

本実験では，陸上植物のこのような体制とそれを構築する組織について学習する。

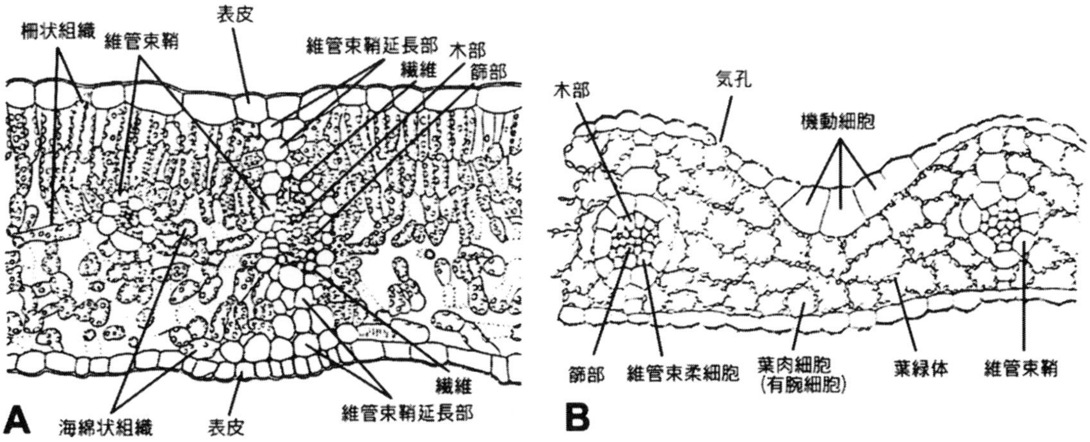

図 4-5　葉の断面図

A: ナシ。典型的な背腹葉で，葉肉が円筒状の細胞よりなる柵状組織と不定形の細胞よりなる海綿状組織とに分化している。表皮および維管束鞘やその延長部の細胞には，発達した葉緑体は存在しない。ただし，気孔の孔辺細胞には葉緑体が存在する。B: イネ。葉肉細胞には切れ込みがある。このような細胞を有腕細胞という。このためイネの葉では，葉肉面積比（葉肉が細胞間隙に接する面積の葉面積に対する比）は著しく大きくなっている。維管束鞘にも葉緑体が見られるが，葉肉のそれに比べると小さい。機動細胞は葉が乾燥すると収縮し，それによって葉が巻き込む。葉の巻き込みは，乾燥条件下で蒸散量を減らして，乾燥によるストレスを回避する機能があると考えられている。（出典：光合成，朝倉書店を改変）

4.2　実　験

本実験では自分で作ったプレパラートを使用する。よい試料を作ることが観察の成功の秘訣である。指定した組織や構造が見えるかどうか，自分の「見る力」を試してみよう。見慣れるまでは，目に入った情報を形として認識できないことがあることに注意する。

4.2.1　実験 1：ヤブツバキの葉の断面の観察

カミソリを使ってヤブツバキ（*Camellia japonica*）の葉の横断切片（図 4-5）を作製する。葉を手に持ったまま切片を作ってもよいし，スライドガラスをまな板のように使ってもよい。切った切片は，乾かないうちにスライドガラスに載せ，水を 1 滴かけた後にカバーガラスをかけ，検鏡する。両刃のカミソリは，包装紙に包まれた状態で 2 つに割ってから用いる（指示に従う）。使っているうちにカミソリの刃が鈍くなった場合は新しいものに取り替える。カミソリで怪我をしないように十分に注意すること。

実験のポイント！　なるべく薄く切ること。紙のような厚さ。顕微鏡の開口絞り（ステージ下のつまみ）を調節して見やすい位置にする。この実験では，あまり絞られていると見にくい。明るさは電源スイッチ下の回転式の調光つまみで行う。

観察のポイント！　表皮，柵状組織，海綿状組織などは認識できたか？ 細胞の形はどのようであるか？ 細胞間隙はどこに多いか？ どのような細胞に葉緑体があったか？ 葉緑体は細胞内のどのあたりに配置されているか？ 葉の裏表側で内部構造に違いがあるか？ などに注目してスケッチをする。

4.2.2 レポート課題 1

・ヤブツバキの葉の横断切片をスケッチする。
・なるべく大きく描くこと（スケッチ用紙の 1/2 程度）。
・何のスケッチなのかがわかるように，各スケッチにタイトルをつける（例えば，ヤブツバキの葉の横断切片など）。
・組織の名称を記載する。
・全体像をスケッチし，注目する点を拡大して示すなど，適宜わかりやすい表現法を工夫する。葉には表裏があるので，どちら側かも記載する。
・スケールバーで大きさを示す。
・気づいた点を文章で説明する。

4.2.3 実験 2：ススキの茎や葉鞘の断面の観察

実験 1 と同じ方法で，ススキ（*Miscanthus sinensis*）の茎や葉鞘（葉の下部）部分の横断切片を作る。切片をスライドガラスの上に置き，乾かないうちにトルイジンブルーを 1 滴かけ，1 分ほど軽く揺らした後に水洗する（トルイジンブルーで染色後にカバーガラスをかけ，片側から水を入れ，逆側からティッシュペーパーなどでトルイジンブルーを含む水を吸うことで洗う）。茎のまわりを葉鞘が包んでいるので，茎を輪切りにすると，丸い茎の切片と三日月型の葉鞘の切片の両方が観察できる。茎は硬いので，片刃のカミソリで切片を作るとよい。

実験のポイント！ 例年，維管束の構造が見えていない人が多い。まずは薄い切片を作ることが必須。厚い切片で何とかしようとすることは時間の無駄。顕微鏡の開口絞り（ステージ下のつまみ）を調節して見やすい位置にする。この実験では，あまり絞られていると見にくい。明るさは電源スイッチ下の回転式の調光つまみで行う。40 倍対物レンズを使う。

観察のポイント！ 茎や葉鞘の維管束はどのような分布をしているか？ 道管や篩部は見つかったか？ 篩部を構成する篩管と伴細胞が作る特徴的な構造は認識できているか？ 葉鞘の場合，葉緑体をもつ細胞の配置はどうなっているか？ などに注目してスケッチをする。

4.2.4 レポート課題 2

・ススキの茎または葉鞘の横断切片をスケッチする。特に維管束に注目する。
・なるべく大きく描くこと（スケッチ用紙の 1/2 程度）。
・何のスケッチなのかがわかるように，各スケッチにタイトルをつける。
・組織の名称を記載する。
・全体像をスケッチし，注目する点を拡大して示すなど，適宜わかりやすい表現法を工夫する。
・スケールバーで大きさを示す。
・気づいた点を文章で説明する。

4.2.5 実験 3：レプリカ法による表皮細胞および気孔の観察（ヤブツバキの葉の裏，ススキなどの単子葉植物の葉の表と裏）

この実験は，クラスによって省略する場合がある。

プラモデル用の接着剤を葉の表と裏にできるだけ薄く塗り，乾いたら注意深く剥がし，スライドガラスに載せ（水は使わない）カバーガラスをかけて検鏡し，気孔密度も測定する。2つの植物種（双子葉植物と単子葉植物）でどのような違いがあるか？

実験のポイント！　顕微鏡の開口絞り（ステージ下のつまみ）を調節して見やすい位置にする。

4.2.6 レポート課題 3

・ヤブツバキとススキ（またはその他の植物）の表皮をスケッチする。特に気孔の配置に注意する。

・マイクロメーターを用いて気孔の密度（個 /mm^2）を求める。

4.2.7 実験 4：根端分裂組織の観察（ネギの芽生え）

材料　ネギ（*Allium fistulosum*　品種名：浅黄九条ネギ）：播種後 3-4 日

1. 50 mL ビーカーに 45％酢酸を約 10 mL とる。ここにネギの根を切って入れ（1 人あたり約 10 本），15 分間置くことにより固定[*1]する。固定中はビーカーにアルミ箔で蓋をする。
2. 50 mL ビーカーに 1 M 塩酸を約 10 mL とり，固定試料をピンセットを用いて丁寧に浸し，アルミ箔で蓋をして，60℃の恒温槽で 8 分間加水分解する。
3. 50 mL ビーカーに Schiff の試薬を約 10 mL とり，試料を丁寧に浸し，室温で 15 分間浸し染色する[*2]。Schiff の試薬が手や着衣につくと，赤く染まって落ちにくいので取り扱いに注意する。
4. 染色済みの試料を 50 mL ビーカー中で水洗した後，水を 1 滴たらしたスライドガラスの上に試料を置き，カバーガラスをかけ，鉛筆などで軽く叩いて根をつぶす（強くしすぎない）。
5. 顕微鏡で観察する。細胞分裂期の各時期の細胞を見つけ，スケッチする。また，細胞はどのように並んでいるか，根のどのあたりで細胞分裂が盛んか，分裂の方向はどうか，などにも注意する。

実験のポイント！　時間通りに処理しないとうまく染色されないことがある。顕微鏡の開口絞り（ステージ下のつまみ）を調節して見やすい位置にする。この実験では，あまり絞られていると見にくい。明るさは電源スイッチ下の回転式の調光つまみで行う。

---

*1　できるだけ生きている状態に近いままで殺すことを固定という。

*2　強すぎない酸処理によって DNA のバックボーンは分解されないが，プリン塩基を遊離する。このとき，デオキシリボースはアルデヒド型になる。このアルデヒド型の五炭糖は酸性中でのみ安定である。この糖のアルデヒド基に Schiff の試薬中の亜硫酸フクシンが結合して赤紫色の呈色反応を示す。これをフォイルゲン（Feulgen）反応と呼ぶ。

4.2.8 レポート課題 4

・核分裂の中期および後期の像をスケッチする。

・スケールバーで大きさを示す。

・気づいた点を文章で記述する。

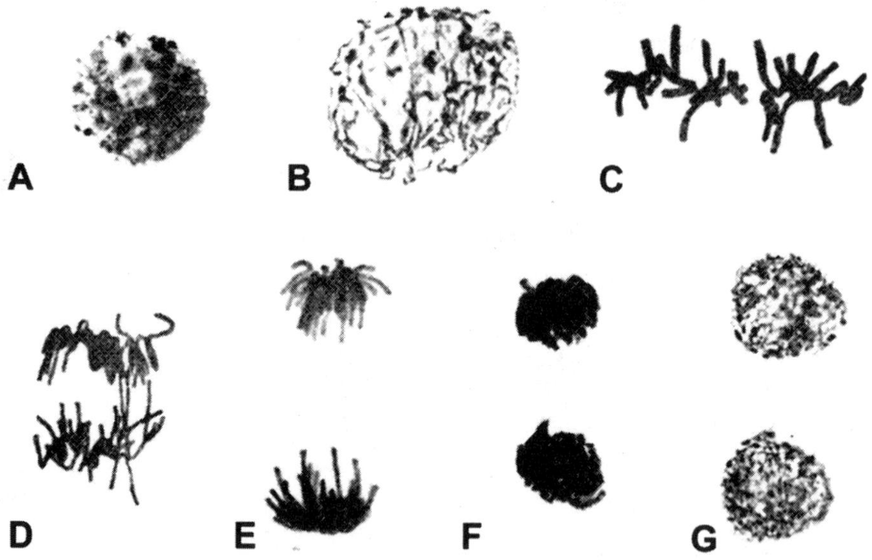

図 4-6 ネギの根端分裂組織における核分裂像

A: 間期, B: 前期, C: 中期, D・E: 後期, F: 終期, G: 細胞分裂期

5 マウスの解剖

5.1　背景と目的

代表的な実験動物の1つであるマウスを解剖し，哺乳類の体制および一般形態を理解する。最近ではペットロボットなどが注目を集めているが，それとは比較にならないほど精巧な制御用ソフトウェアを生き物は備えている。また，生き物のハードウェアは柔らかく増殖可能である。このような装置が体長 10 cm 程度の体の中に自己完結的に組み上がっていることの凄さ，究極の機械としてみた場合の生命の神秘にふれる。

5.2　材　　料

マウス *Mus musculus*（二酸化炭素で麻酔済み）

マウス *Mus musculus* は分類学的には，脊椎動物門（Vertebrata）> 哺乳綱（Mammalia）> 齧《げっ》歯《し》目（Rodentia）> ネズミ科（Muridae）> ハツカネズミ属（*Mus*）> ハツカネズミ種（*musculus*）に属している。

5.3　実　　験

各自1匹のマウス（各班にオスとメスをそれぞれ2匹ずつを配布）を使って下記の実験を順番に行う。

5.3.1　実験1：性別の確認

下記を参考にして，自分の扱うマウスの性別をレポート用紙に書く。

オスでは尾の基部の腹面に肛門が開き，その前方に陰茎がある。そして，肛門と陰茎との間に陰嚢（この中に精巣がある）がある。メスでは肛門の前方に陰門が開く。陰門の前方の突起は陰核で，尿門はこの先端に開く。陰茎と陰核は相同の器官である。

5.3.2　実験2：血管の観察

下記の手順に従って解剖・観察する。出血した場合は脱脂綿で拭う。

手順5まで進んだら，レポート用紙に，皮膚を開いた状態のマウスの全体図を描き，血管が体の左右の皮下および体壁筋に分布している様子を描き入れる。また，図中のどこが皮膚，体壁筋および血管なのかも示す。

1. マウスを仰向けの状態でスチロール板上に置く。
2. 四肢をピンで固定する。ピンで固定した部分が緩まないよう，またピンが作業の邪魔にならないよう，ピンの先を斜め内向に立て，マウスの体をなるべく伸ばした状態にする。
3. 下腹部をつまみ上げ，皮膚に 1 cm 程度の切れ目を入れる。
4. 皮膚をつまみ上げながら，正中線に沿って口元から生殖器近くまで切開する。皮膚直下の体壁筋を切開しないように注意する。
5. 次のいずれかの方法で皮膚をできるだけ広く開いてピンで固定する。
   (1) 皮膚の切開部位の両側を手でしっかりつまんで左右にゆっくりと広げる。
   (2) 皮膚と体壁筋との連絡をハサミで少しずつ切りながら皮膚を広げる。

5.3.3 実験 3：循環器系，呼吸器系，消化器系の器官の観察（図 5-1〜図 5-3）

下記の手順に従って解剖・観察する。開腹後は，臓器が乾燥すると解剖がしづらくなり，また，臭いがきつくなるので，ときどき水道水を滴下する。出血した場合は脱脂綿で拭う。摘出した器官は，水道水を入れたシャーレに入れる。

手順 11 まで進んだら，レポート用紙に，露見している器官の全体図を描き，図中のどれが**太字**の器官なのかを示す。また，手順 16 で摘出した器官全体を描き，図中のどれが**太字**の器官なのかを示す。

1. 頚部の皮膚を切り広げると，下顎の左右に太い筋肉（咬筋：全体が暗赤色で一部銀色）が見え，そのすぐ尾側に一塊の器官（唾液腺：薄ピンク色；消化器系）がある。
2. 咬筋と唾液腺を注意深く取り除くと**気管**（輪状の軟骨が積み重なっていて，洗濯機のホースのような外見；呼吸器系）が見える。
3. 胸部の薄い筋肉を通して肋骨が透けて見える。
4. 腹部の筋肉を大きく切り取ると，まず目に入るのが大きな**肝臓**（暗赤色；消化器系）と曲がりくねった管状の腸（消化器系）である。**肝臓**はいくつかの葉状の小葉からなる。
5. 肝臓を持ち上げると，小葉の基部付近に，直径 1 mm 程度の豆粒状の形をした**胆嚢**（透明感のある淡褐色；消化器系）がある。
6. 肝臓のすぐそばに**胃**（黄土色；消化器系）がある。
7. 胃のすぐそば（左半身側）に舌状の形をした**脾臓**（暗赤色；循環器系）がある。
8. 胃および腸のまわりに不定形の**膵臓**（薄ピンク色；消化器系）がへばりついている。
9. 肋骨を持ち上げながら肝臓を押し下げると，胸部と腹部とを仕切る横隔膜が見える。
10. 肋骨および横隔膜を取り除くと，胸部のほぼ中央に**心臓**（暗赤色；循環器系）があり，その上端部に被さるように**胸腺**（白色；循環器系）がある。
11. 胸部の左右にあるのが**肺**（薄ピンク色；呼吸器系）である。気管に小さな穴をあけ，豆ゴムをつけたパスツールピペットの先端を差し込んで空気を送り込むと肺が膨らむ。
12. 気管をつまんで注意深く取り除くと，棒状の食道（表面滑らか；消化器系）が見え，心臓および肺を摘出すると，食道が胃につながっているのがわかる。
13. 肝臓を摘出する。
14. 膵臓を胃および腸から切り離して摘出する。
15. 腸をつまみ上げると，腸管どうしが腸間膜によって繋ぎ止められているのがわかる。

16. 腸を肛門付近で切断し，腸間膜を切りながら腸を引きずり出し，胃を含めた状態で摘出する。**胃**から延びている腸は途中から太くなっている。細い部分が**小腸**，太い部分が**大腸**である。大腸が始まってすぐのところに分岐した突起物がある。これが**盲腸**である。

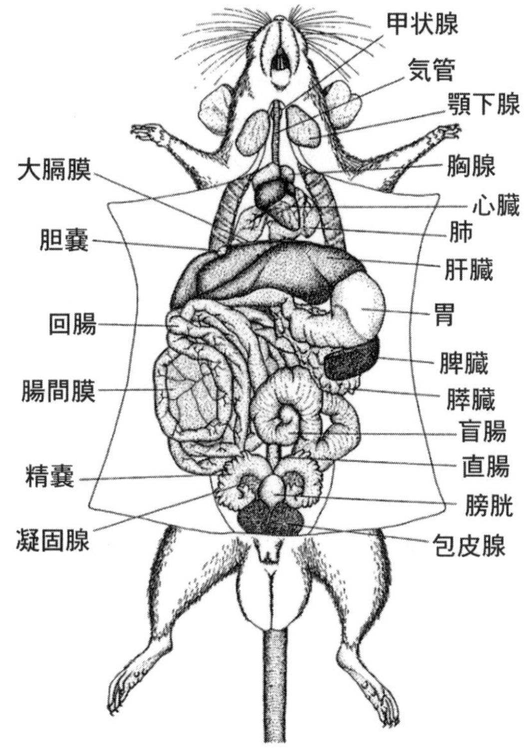

図 5-1 開腹全体図（オス）（出典：動物解剖図，丸善を改変）

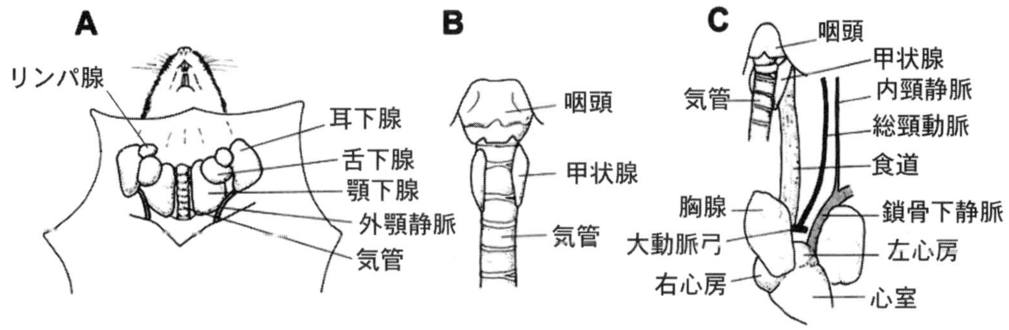

図 5-2 胸部

A：唾液腺，B：甲状腺，C：胸腺 （出典：動物解剖図，丸善を改変）

5.3.4 実験 4：泌尿器系，生殖器系の器官の観察（図 5-4）

下記の手順に従って解剖・観察する。

レポート用紙に，露見している泌尿器系，生殖器系の器官の全体図を描き，図中のどれが**太字**の器官なのかを示す。

1. 腹部の背側に左右一対のソラマメ形の**腎臓**（暗赤色；泌尿器系）がある。腎臓の上方に小さな粒状の副腎（白色）が付着している。
2. 腎臓をつまみ上げると，細い線状の**輸尿管**（白色；泌尿器系）が腎臓の内側中央から尾側に向けて延びているのがわかる。
3. 輸尿管は下腹部中央に 1 つある**膀胱**（泌尿器系）につながっている。尿の貯まっている膀胱は丸く薄黄色でわかりやすく，尿の貯まっていない膀胱はしぼんでいる。
4. メスでは，膀胱の近くから腎臓の方へ向けて Y 字形をした管状の**子宮**（乳白色～薄ピンク色；生殖器系）がある。
5. 子宮の上方先端には，小さくて表面が凸凹した**卵巣**（乳白色～薄ピンク色；生殖器系）がある。
6. オスでは，陰嚢の中あるいは腹部後端に卵形の**精巣**（乳白色～薄ピンク色）がある。
7. 腎臓の下方には，C 字形でひだのある**精嚢**（白色；生殖器系）がある。

5.4 レポート課題

上記の実験で指示されている事柄と感想（自由記述）を書いて提出する。

5.5 後片づけ

レポートを提出したら，下記の後片づけを行う。

1. マウスの遺骸および摘出した器官を所定の容器に入れる。摘出した器官はピンセットでつまんで入れ，水は入れない。
2. 解剖皿とスチロール板は血液が残らないように洗剤をつけてきれいに洗い，雑巾で水気を取ってから所定の場所に並べる。
3. ハサミ類，ピンセット，ピン，ガラス器具は怪我をしないように注意して洗い，水気を取ってから，所定の容器に入れる。
4. 実験台を雑巾で拭いてきれいにし，実験台周辺の床のゴミや流しのゴミを拾って捨てる。
5. チェックリストの項目を確認して署名する。

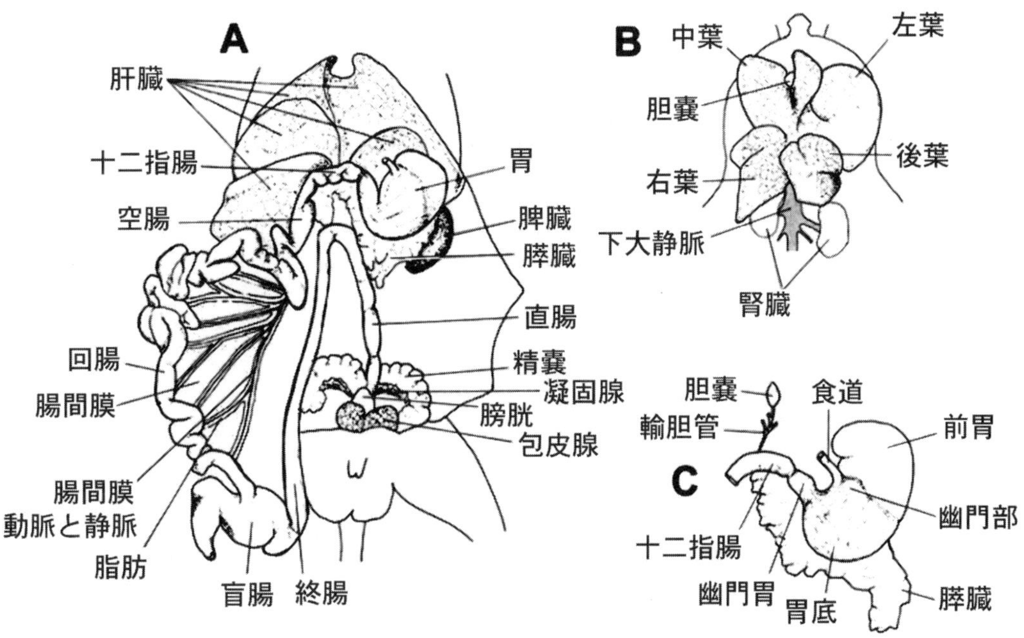

図 5-3　消化器官系

A：オスの全景，B：肝臓，C：胃　（出典：動物解剖図，丸善を改変）

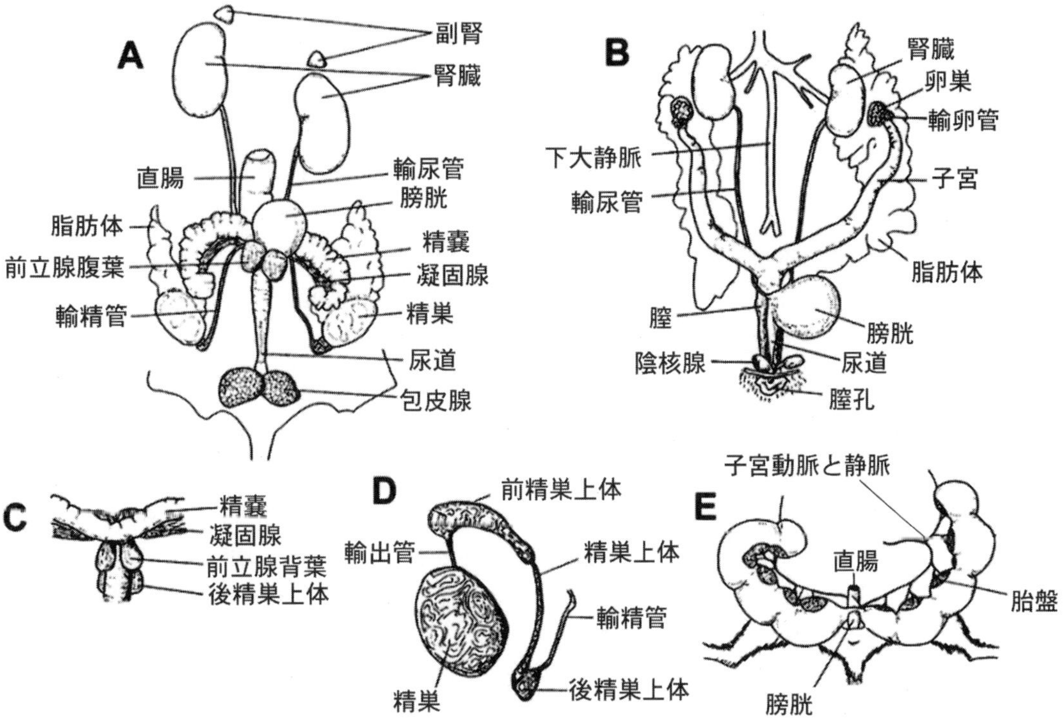

図 5-4　泌尿生殖器系

A：オスの全景，B：メスの全景，C：前立腺背葉，D：精巣と精巣上体，E：妊娠中の子宮
（出典：動物解剖図，丸善を改変）

6 動物の組織

6.1 背景と目的

本章は5章で行ったマウスの解剖実験の発展実験であり，また，光学顕微鏡の取り扱いの応用編でもある。本実験では，動物の体の一部や器官の永久プレパラートを観察し，体の組織構築と生物の体の階層性－個体 (organism)・器官系 (organ system)・器官 (organ)・組織 (tissue)・細胞 (cell)・細胞間質 (matrix) について学習する。

6.2 実　験

6.2.1 観察の手順

1. ガーゼでプレパラートをきれいに拭く。
2. 接眼レンズ，対物レンズなどが汚れているときは，ブロアーやレンズペーパーで汚れを取り除く。**レンズに傷がつくのでガーゼでは拭かない**。汚れが取れないときは教員やTAに連絡する。
3. まず10倍の対物レンズを用いて“切片全体”を観察し，次に見たいところを40倍の対物レンズで拡大して詳しく観察する。「低倍→高倍」は顕微鏡観察の基本である。いきなり高倍で観察しても，何を見ているのかわからなくなる (“木を見て森を見ず”)。2章2.5節の光学顕微鏡観察の手順 を参考にする。
4. 1枚のプレパラートには複数の切片が載っている場合もある。切片によっては染色ムラがあるので，観察しやすい切片および場所を選ぶ。

6.2.2 ス ケ ッ チ

- 以下のプレパラート①～⑧が各班に1枚ずつ用意されている。班によっては足りないプレパラートがあるが，その場合は隣の班に借りること。
- 以下のプレパラートの解説の指示に従ってスケッチする。10倍および40倍対物レンズの両方で観察・スケッチすることが指示されている場合には，どの部分を拡大したのかがわかるように明示する。
- スケッチしたプレパラートの名前 (スライドガラスに記載されている名前) および組織・細胞などの名前の指示中に**太字**で書かれたものを記す。
- 6.4節の組織とは？ を参照する。
- 1章1.5節のスケッチの仕方 を参考にする。硬めの鉛筆 (H・2H) でスケッチした後，色鉛筆で薄く色づけしてもよい。

6.2.3 実験中および終了後

・プレパラート・顕微鏡・その他の器具が損傷したときは，教員または TA にすぐに連絡する。
・観察・スケッチの終わったプレパラートはガーゼできれいに拭き，もとの場所に戻す。
・顕微鏡を返却するときに，プレパラートがステージ上に残っていないことを確認する。

6.3 レポート課題

下記の太字部分をスケッチする。

6.3.1 カエル小腸の横断切片（hematoxylin-eosin 染色）

切片全体の構造（**絨毛・上皮組織・平滑筋層**）… 10 倍対物レンズ

絨毛の上皮組織（**単層円柱上皮**と散在する杯細胞），その下の結合組織と平滑筋層（**縦走筋・輪走筋**）… 40 倍対物レンズ

杯細胞（goblet cell；単細胞腺）は粘液をためる部分が白く抜けて見えることが多い（図 6-1）。

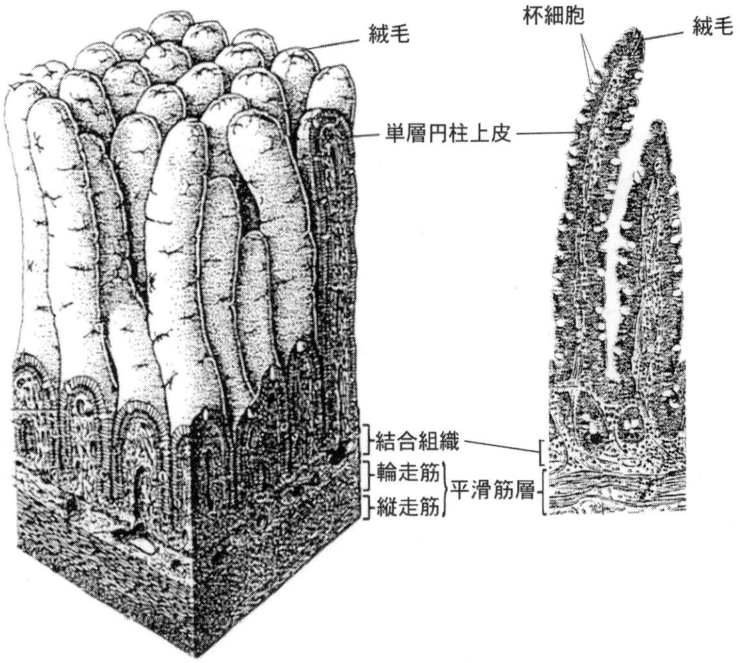

図 6-1 小腸の立体図と断面図（出典：立体組織学図譜 II 組織篇，西村書店を改変）

6.3.2 オタマジャクシの頭部軟骨の横断連続切片（alcian blue 染色）

軟骨組織＝**軟骨細胞**・間質（**軟骨基質**）（図 6-2）… 40 倍対物レンズ

脳や内耳を囲んで，基質がアルシアンブルーで青く染まった軟骨が見られる。なおアルシアンブルー染色の後で，Masson-Goldner 染色を施してある。全体像をスケッチする必要はない。

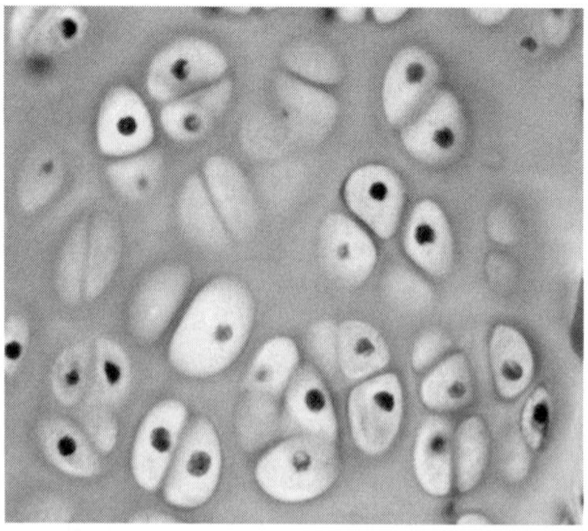

図 6-2　オタマジャクシの軟骨細胞

6.3.3　カエルの血液の塗沫標本

赤血球と**白血球**または**リンパ球** … 40 倍対物レンズ

哺乳類の赤血球は成熟の過程で脱核して無核になるが，他の脊椎動物の赤血球は有核のままである（図 6-3）。所々に濃い紫色に見える粒状のかたまりがあるが，これらは血栓細胞の核である。血栓細胞は哺乳類の血小板に相当し，血液凝固にかかわる。

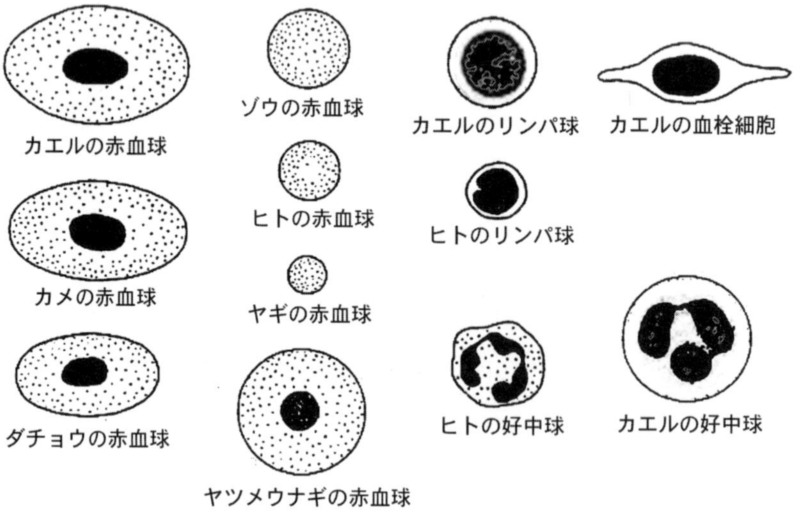

図 6-3　脊椎動物の多様な血球

6.3.4　骨格筋の切片（hematoxylin 染色）

筋繊維の縦断切片像とそこに見える横紋 … 40 倍対物レンズ

筋繊維の長軸に直交するしましまが横紋である（図 6-4 左下）。筋繊維の中に見える核は**筋細胞の核**，筋繊維の縁にへばりついている細長い核は**繊維芽細胞の核**（図 6-4 右）。

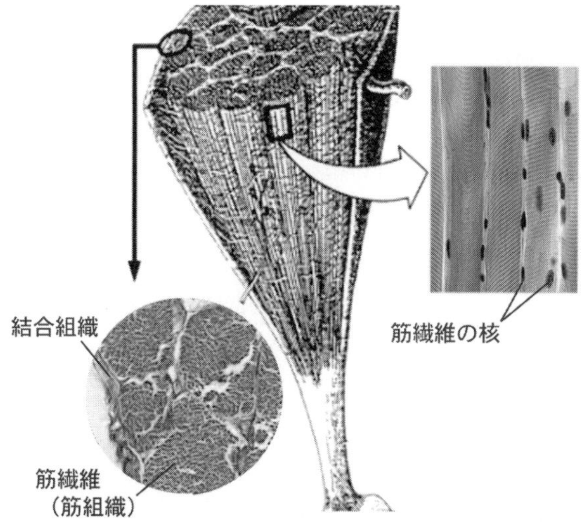

図 6-4　骨格筋（出典：立体組織学図譜 II 組織篇，西村書店を改変）

6.3.5　スズメの脳（小脳・延髄）の横断切片（hematoxylin-eosin 染色・Mallory 染色）

切片全体の構造（**小脳・延髄**）… 10 対物レンズ

小脳内の密集した**顆粒細胞**（小型の神経細胞）の層（図 6-5 左上）… 40 倍対物レンズ

一列に並んでいる**プルキンエ細胞**（大型の神経細胞）（図 6-5 左上）… 40 倍対物レンズ

延髄内の**神経繊維**と大型で多角形の**運動神経細胞**（図 6-5 右上）… 40 倍対物レンズ

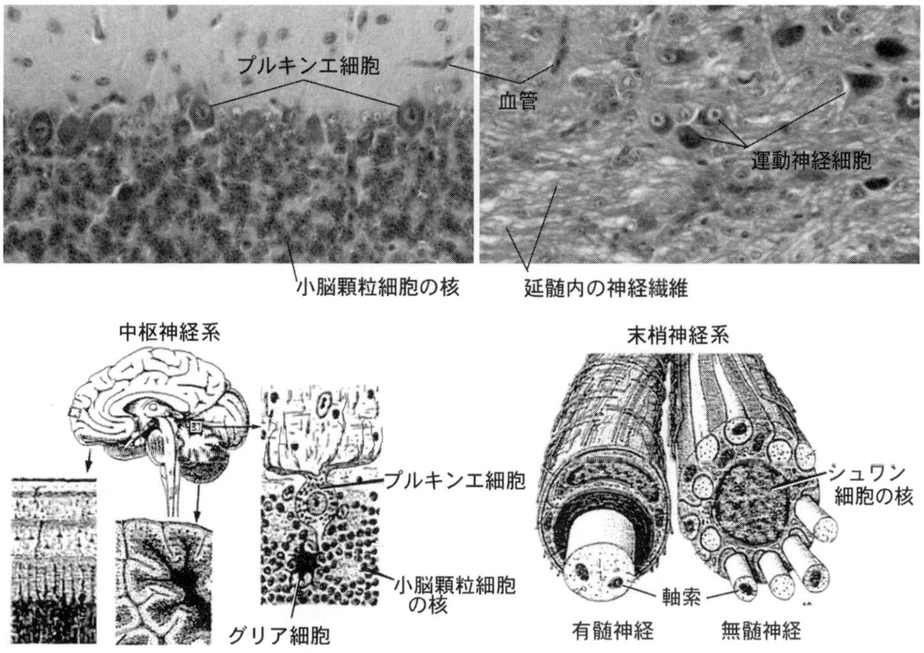

図 6-5　中枢神経系と末梢神経系（出典：立体組織学図譜 II 組織篇，西村書店を改変）

6.3.6　ラット舌の横断切片（hematoxylin-eosin 染色）

切片全体の構造（**重層扁平上皮・横紋筋・唾液腺・血管・末梢神経**）… 10 倍対物レンズ
腹側に対をなして存在する末梢神経 … 40 倍対物レンズ

突起（黄色っぽい）を含んだ青っぽい組織が舌表面（背側）の重層扁平上皮である（図 6-6 上）。その下には，ピンク色に見える豊富な横紋筋や濃い青紫色に見える唾液腺のかたまりがある。左右の腹側に近い部分に血球を含んだ太い血管が見え，その近くに末梢神経（舌下神経）の断面が見える（図 6-6 下）。末梢神経中の黒っぽい点はシュワン細胞の核。

一部のマッペではマウスの舌の横断切片になっている。マウスでは舌中の唾液腺は発達しておらず，末梢神経もやや見にくい。

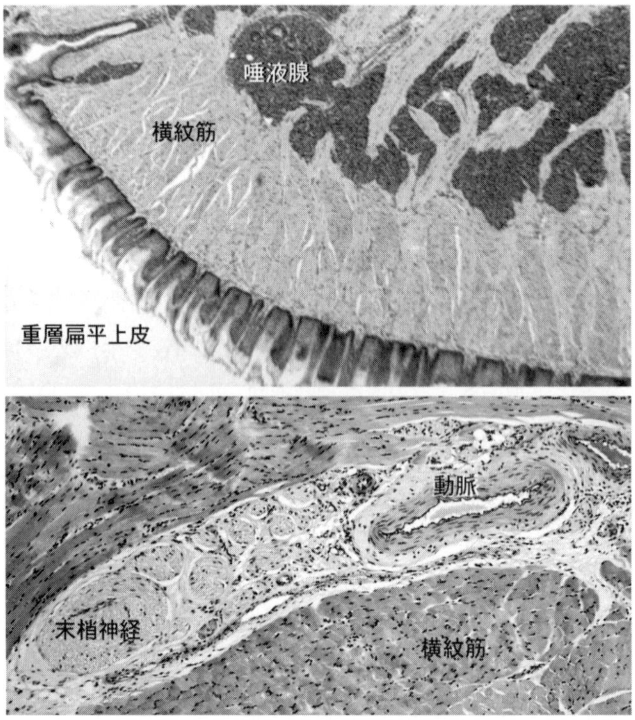

図 6-6　ラットの舌の断面

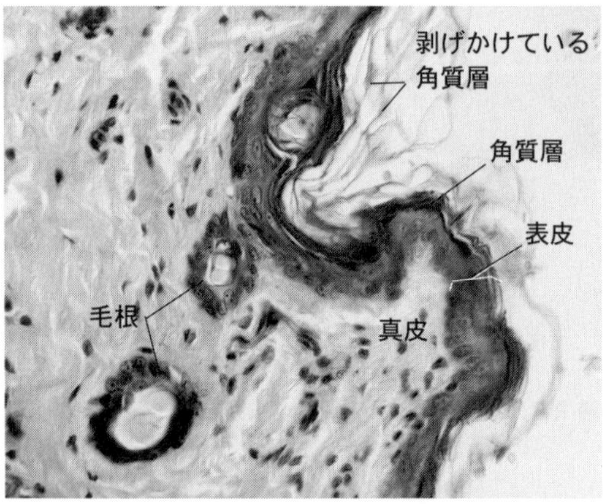

図 6-7　ラットの足底皮膚の断面

6.3.7　ラット足底皮膚の切片（Masson-Goldner 染色）

表皮および**真皮** … 40 倍対物レンズ

表皮の最外層（＝**角質層**）は剥げかけている（図 6-7）。真皮のコラーゲン層は濃い緑色に見える。

一部のマッペではマウスの足底皮膚の切片になっている。この切片では，毛根やそれに付随した皮脂腺，さらに汗腺も見える。

6.3.8　ネコ新生仔下顎の横断切片（Masson-Goldner 染色）

歯胚の**歯乳頭・象牙芽細胞層・エナメル芽細胞層・エナメル髄**と**下顎骨**（硬骨組織）
… 40 倍対物レンズ

下顎骨は濃い緑色に見える。エナメル芽細胞（エナメル上皮）は内側にエナメル質を，象牙芽細胞は外側に象牙質を分泌するが，この切片ではわずかに象牙前質が見えるのみである（図 6-8 上）。

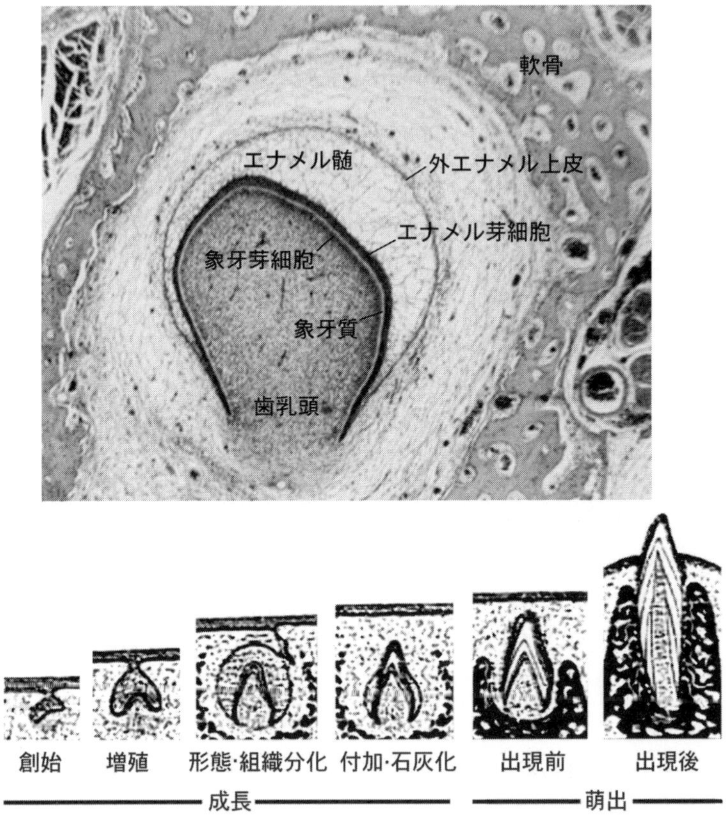

図 6-8　ネコ新生仔の下顎の切片の写真（上）と歯の生活環の模式図
（出典：Schour & Massler, The Journal of the American Dental Association (1940) を改変）

6.4　組織とは？

多くの細胞からなる多細胞生物は1個の卵細胞から出発し，細胞の分裂増殖によって生じたものであるが，単に分裂増殖した細胞のランダムな集合体ではない。細胞は分裂増殖するとともに，様々な形態的・機能的特徴をもつようになり，似たような形態・機能をもった細胞どうしが集まって組織を形成する。さらに，これらの組織が組み合わさって器官を形成する。

多細胞生物の個体や器官の切片を低倍の顕微鏡で見ると，形態などの異なるいくつかの構造が秩序だって組み合わさっていることを観察することができる。大雑把に言えば，その1つ1つの構造が組織に相当する。高倍で見ると，それぞれの組織に特徴的な，細胞の形態や集合状態（疎・密など）を観察することができる。

6.5　動物組織の分類と特徴

動物の組織は，上皮組織，支持組織，筋組織，神経組織の4つに大別される。

6.5.1　上 皮 組 織

体の表面（皮膚などの外表面，消化管・血管・リンパ管・心臓・脳室・髄室などの内面，腹膜腔などの体腔の内面）を覆っている組織を上皮と呼ぶ。

典型的には細胞どうしが密に接しており，細胞間隙・細胞間質が非常に少ないことが特徴である。上皮組織の直下，結合組織との境界には，薄い基底膜（細胞外物質のシート状集合体。生体脂質膜ではない）がある。

形態によって，

単層上皮：細胞が一層に並んでいる（すべての細胞が基底膜に接し，かつ，表面に達している）。

多列上皮：細胞が一見多層化しているように見える（すべての細胞が基底膜に接しているが，すべての細胞が表面に達しているわけではない）。

重層上皮：細胞が多層化している（最下層の基底細胞だけが基底膜に接し，最上層の細胞だけが表面に面している）。

に分けられる。

機能的には，被蓋上皮，吸収上皮，呼吸上皮，腺上皮などに分けられる。

6.5.2　支 持 組 織

上皮組織，筋組織，神経組織以外の組織の総称。結合組織，軟骨組織，硬骨組織，血液およびリンパ液を含む。典型的には，細胞間質が非常に豊富であり，細胞はその中に散在することが特徴である。細胞間質は支持組織の物理的性質（硬さ，弾性，抗力・張力など）を決めている。

（1）　結合組織

繊維性結合組織，脂肪組織などを含む。

繊維性結合組織：体の各所に広汎に見られる。例として，表皮下の真皮，筋肉と骨をつなぐ腱，骨と骨をつなぐ靱帯などがある。細胞間質には膠原繊維（コラーゲン繊維。強い引張力にも耐えうる），弾性繊維（主成分はエラスチン。弾性に富むゴムひものようなもの）などが含まれる。細胞間質中に散在している細胞はおもに，細長い形をした繊維芽細胞（膠原繊維や弾性繊維を作っている）であるが，リンパ細胞や色素細胞なども含んでいる。

脂肪組織：組織の大部分は脂肪細胞（細胞質の大部分が脂肪で満たされている）であり，1つ1つの脂肪細胞のまわりを細網繊維が網のように包んでいる。パラフィン切片標本では，アルコールによって脱脂されるため，ハチの巣状に見える。

(2)　軟骨組織

高等脊椎動物の成体の肋骨・気管，胎児の骨格，また，軟骨魚類（サメなど）の骨格などに見られる。引張力よりも圧縮力に対して強い抵抗性がある。細胞間質には大量のコンドロイチン硫酸や細い膠原繊維などが含まれる。トルイジンブルー（toluidine blue）染色ではメタクロマジー（トルイジンブルーは青い色素であるが，赤紫色に染まる）を示す。細胞間質に軟骨細胞が散在する。

(3)　硬骨組織

頭蓋骨や胴部・四肢の骨などに見られる。光学顕微鏡では層状構造を観察できる。圧縮力や引張力には強いが，曲げの力には弱い。カルシウム塩を多量に含む細胞間質と，細い突起でつながった骨細胞からなる。骨そのものは骨組織の他に豊富な血管を含み，また血球を作る組織である骨髄がある。

(4)　血液・リンパ液

液状の細胞間質（血漿・リンパ漿）中に，細胞（赤血球・白血球・リンパ球など）が存在する。

6.5.3　筋 組 織

形態学的には横紋のある横紋筋と横紋のない平滑筋に，生理学的には随意筋と不随意筋に分けられる。平滑筋は，消化器系，呼吸器系，泌尿器系，生殖器系器官や血管・リンパ管などの壁に分布し，不随意筋である。横紋筋には心筋と骨格筋（心筋以外の横紋筋の総称）があり，心筋は不随意筋，骨格筋は随意筋である。

横紋筋の横紋は，屈折率の異なる2つの領域が筋細胞（筋繊維）中で交互に規則正しく並んでいるために見える。1つがI帯（複屈折性：ミオシン繊維とアクチン繊維が重なっている領域）であり，もう1つがA帯（単屈折性：アクチン繊維を含み，ミオシン繊維を含まない領域）である。

平滑筋細胞と心筋細胞は単核細胞であるが，骨格筋細胞は形成過程で筋芽細胞どうしが融合することによって多核細胞となる。

6.5.4　神 経 組 織

神経興奮を担っている神経細胞（ニューロン）と神経細胞の活動を支えている細胞を含む。後者の細胞は，中枢神経系においては神経謬細胞（グリア細胞）であり，末梢神経系においてはシュワン細胞などである。

神経細胞は細胞体とそこから出ている1本あるいは複数本の突起からなる。突起のうち

1 本が軸索であり，残りを樹状突起と呼ぶ。他の細胞からの興奮は樹上突起の先端から細胞体へと伝えられ，細胞体での興奮は軸索を伝って末端へ，そして他の細胞へと伝わる。

神経細胞から出ている比較的長い突起（多くの場合は軸索）は，バウムクーヘンのような髄鞘（ミエリン鞘）を被っているもの（有髄神経繊維）と被っていないもの（無髄神経繊維）に分けられる。髄鞘はグリア細胞やシュワン細胞の細胞膜が何重にも巻き込んでできたものである。中枢神経系の灰白質は細胞体を，白質は有髄神経繊維を多く含む部分である。

中枢神経系には脳と脊髄が属する。末梢神経系には，中枢神経系から出て，体の各部（諸器官・体表）に達する神経（感覚神経・運動神経・自律神経）が属する。感覚神経（知覚神経）は諸器官・体表で生じた神経興奮を中枢神経系に伝え（求心性神経），運動神経および大部分の自律神経は中枢神経系での興奮を体の各部に伝える（遠心性神経）。

7 タンパク質の分離

7.1 背景と目的

昨今の生物科学において，分子生物学的手法は欠かせないものである。この実験では，タンパク質の分析のため広範に用いられるSDS-PAGEという手法を利用し，身近なものにどのようなタンパク質が含まれるかを分析する。SDS-PAGEの手法の習得と，種々の試料を分析し比較することで，それぞれの試料中のタンパク質の特徴をとらえることを目的とする。

SDS-PAGEとは，タンパク質の分析に用いられる電気泳動法の一種である。界面活性剤であるSDS（ドデシル硫酸ナトリウム，sodium dodecyl sulfate）で処理することで，タンパク質は変性し，負の電荷を帯びる。負電荷を帯びたタンパク質は電場中で正極へ移動するので，分子ふるい効果をもつポリアクリルアミドゲル（polyacrylamide gel）中で電気泳動（electrophoresis）することで，タンパク質をその分子量によって大まかに分離することができる。分離したタンパク質はそのままでは見ることができないため，クマシーブリリアントブルー（coomassie brilliant blue: CBB）などの色素や，硝酸銀によって染色・可視化する。SDS-PAGEによって，用いた試料に含まれる様々なタンパク質の大まかな分子量，存在量，どれだけの種類のタンパク質が存在するかがわかる。

7.2 実　験

7.2.1 使用する材料・試薬

材料　挽割納豆，醤油，味噌，高野豆腐，豆乳，おから，大豆の水煮，きなこ

試料用バッファー（SB）　0.125 M　トリス－塩酸緩衝液 pH 6.8
2% SDS
10％　2-メルカプトエタノール
10％　グリセロール
0.01％　ブロモフェノールブルー

蒸留水　コルベンに入れたものを配布

乳鉢・乳棒　2セット，**ペスツル**　4本，**駒込ピペット**　1本

5 µL, 10 µL, 100 µLの固定容量ピペッターとそのチップ
（5, 10 µL用と100 µL用の2種類）

泳動用バッファー　25 mM　トリス緩衝液
192 mM　グリシン

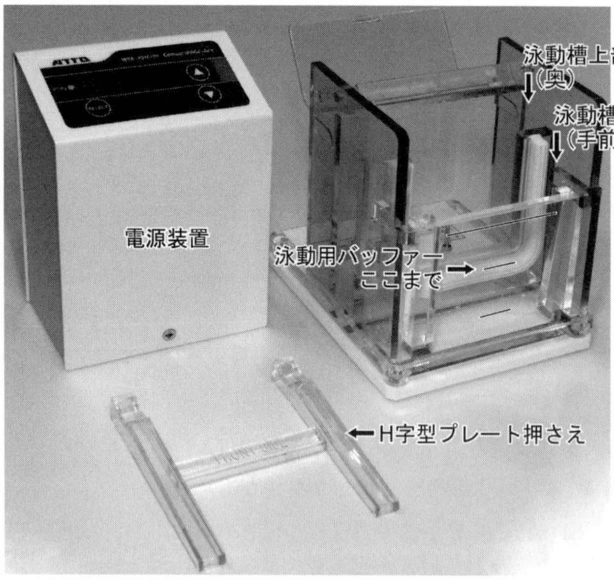

図 7-1　使用する泳動装置

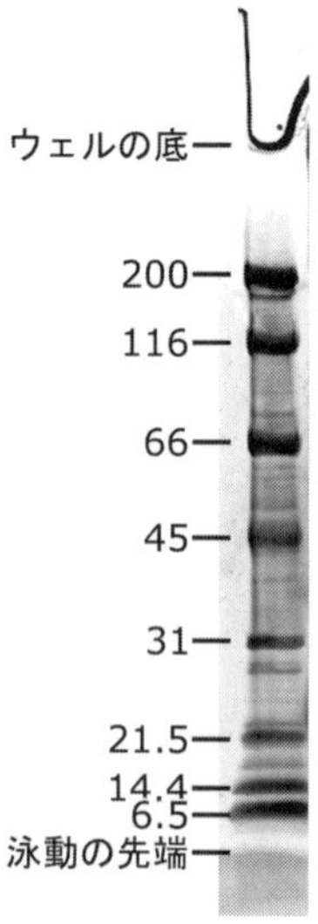

図 7-2　分子量マーカーの泳動パターン

0.1 %　SDS

5-20 %　ポリアクリルアミドゲル(調製済み)

SDS-PAGE 電気泳動装置　一式(図 7-1)，**ゲル取り出し用のヘラ**

タンパク質分子量マーカー　8 種類のタンパク質(図 7-2，表 7-1)が約 200 ng/μL ずつ入っている

CBB 染色液　0.005 %　CBB
(染色槽に入れて　70 mM　クエン酸
30 mL 配布)　4.4 mM　β- シクロデキストリン

7.2.2　ピペッターの使い方

固定容量ピペッターの吸い・出しの操作を，コルベンに入った蒸留水を使って行い，慣れる。

1. ピペッターの先端を，チップラックに入ったチップに差し込んで，しっかりとチップを装着する。
2. 吸うときは，プッシュボタンを第一ストップ(軽く押して止まるところ)まで押し込み，そのままの状態でチップの先を液につけ，ゆっくりとプッシュボタンをもとの位置まで戻すことで液体を吸い取る。
3. 出すときは，液を移す容器にチップ先端を入れ，プッシュボタンを第一ストップまで押し下げて液を出す。そのまま，プッシュボタンを第二ストップ(強く押して完全に押し下げたところ)まで押し込み，チップ内に残った液体を完全に吐き出す。
4. チップは，次に同じ液体を吸うときはそのままで，違う種類のものを吸うときは交換する。

7.2.3 試料調製

それぞれの材料を蒸留水に溶かし，すりつぶした後に遠心し，上清を試料用バッファーと混ぜることで SDS-PAGE 用の試料を調製する。それぞれの試料に含まれるタンパク質量は表 7-2 に示す。

(A)　挽割納豆　1 粒（1.5 mL チューブで配布）

1. サンプル入りチューブに，**蒸留水 0.3 mL** を加える。
2. ペスツルで丹念にすりつぶす。

(B)　醤油（2 倍に薄めたものを 1.5 mL チューブで配布）

そのまま使用。

(C)　味噌 0.06 g（1.5 mL チューブで配布）

1. サンプル入りチューブに，**蒸留水 0.2 mL** を加える。
2. ペスツルで丹念にすりつぶす。

(D)　高野豆腐 1 片（プラスチックシャーレで配布）

1. 高野豆腐を乳鉢に入れて，丹念にすりつぶす。
2. **蒸留水 0.5 mL** を加え，さらに丹念にすりつぶして混ぜる。
3. よく混ざったら，そのうち 0.1 mL を 100 μL ピペッターで 1.5 mL チューブに移す。

(E)　豆乳 0.1 mL（8 倍に薄めたものを 1.5 mL チューブで配布）

そのまま使用。

(F)　おから 0.01 g（1.5 mL チューブで配布）

(C) 味噌　と同様の処理を行う。

(G)　大豆の水煮 0.5 粒（プラスチックシャーレで配布）

1. 大豆を乳鉢に入れて，丹念にすりつぶす。
2. **蒸留水 2 mL** を加え，さらに丹念にすりつぶして混ぜる。
3. （すべての試料に駒込ピペットで蒸留水を加えた後）よく混ざったら，そのうち 0.2 mL を駒込ピペットで 1.5 mL チューブに移す。

(H)　きなこ 0.08 g（1.5 mL チューブで配布）

(C) 味噌　と同様の処理を行う。

(A)～(H) の調製が終わったら，以下の作業をする。

1. 微量用遠心機のローターに 1.5 mL チューブをバランスがとれるように均等に差し込み，10,000 rpm で 5 分間遠心する (3 班ずつ行う)。
2. 1.5 mL チューブに 10 μL ずつ試料用バッファーを入れたものを 8 本用意し，蓋に試料のラベル A～H をそれぞれ書いておく。
3. 遠心終了後，試料の上清 10 μL をそれぞれ沈殿を崩さないようにしながら，上記 2 の試料用バッファーの入った 1.5 mL チューブに移す。チューブの底を指で軽く叩いて混ぜる。
4. 上記 3 のチューブをフロートに差し込み，70°C の恒温槽で 10 分加熱することで，タンパク質を変性させ，SDS-PAGE 用の試料とする。

7.2.4　電気泳動

SDS-PAGE 用の試料をゲルに載せ，電場をかけて泳動する。ゲルプレート，ゲルは手袋をして取り扱う。

1. 泳動槽下部（手前）に，泳動用バッファーを真ん中の線まで，泡立たないように静かに入れる（図 7-1）。
2. ゲルプレートを袋から取り出しコームをまっすぐ慎重に取り外した後，切り欠きのある方を奥の上側にして，ゲルの下部に泡が入らないように傾けながら泳動槽に挿入する。ゲルプレートと泳動槽手前の内壁との間に H 字型プレート押さえを一番下まで差し込み，固定する。
3. 泳動槽上部（奥）を，ゲルプレート上端近くまで泳動用バッファーで満たす。奥から順に，泳動槽上部，パッキン，ゲルプレート，H 字型プレート押さえ，泳動槽下部となる。
4. 10 μL ピペッターを使って，上部の泳動用バッファーをウェルに出し入れすることで，それぞれのウェルを洗浄する（もや状の影が見えなくなるまで）。各ウェルが壊れていないことを確認し，注入する試料と場所がわかるようにマジックでラベル，または目印をガラス板に書き込む（図 7-3）。

図 7-3　電気泳動する試料を注入する 15 個のウェルの割り振り
A〜H のウェルに試料を，m のウェルに分子量マーカーを注入する。
x のウェルは使用しない。

5. 5 μL ピペッターを使い，調製した SDS-PAGE 用の試料を 5 μL ずつウェルに注入する。最後に，タンパク質分子量マーカー 5 μL を注入する。試料ごとに，ピペッターのチップは交換する。また，チップの先端をできるだけウェルの奥の方まで差し込み，ゆっくりと注入することでよりよい結果が得られる。
6. 泳動槽の蓋を閉め，電源設置部位が濡れていないことを確認してから，電源装置を取り付ける。泳動条件を，［SELECT］ボタンで ‘HI 10 min’ に選択する。［START］ボタンを押して，泳動を開始する。10 分後，自動的に電源が切れる。泳動が終わったら，泳動槽からゲルプレートを取り出し，軽く水道水でゲルプレートを洗う。

7.2.5　CBB 染色

1. ゲルプレートの隙間にヘラを差し込み，ゲルを取り出す（図 7-4）。その際，ゲルの右下隅を少しだけ切り取り，向きがわかるようにする。
2. ゲルをゲルプレートから剥がしながら，染色槽（CBB 染色液入り）にゆっくりと落とし入れる。CBB 染色液は，服につくと取れにくいので注意する。

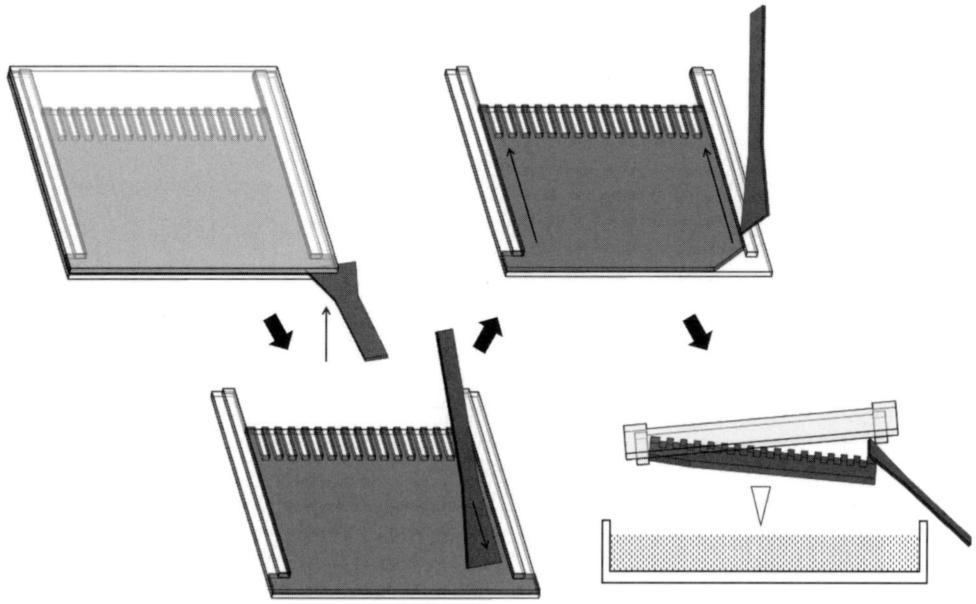

図 7-4　ゲルプレートからゲルを取り出す方法
まずウェルと反対側の角にヘラを差し込み，切り欠きのない方のガラス板を取り外す。あとで向きがわかるように，右下隅のゲルをヘラで切り取る。ゲルを挟む棒状のガラス板とゲルの境界にヘラを入れて，ゲルを挟むガラス板とゲルの間に隙間を作る。染色槽の上でゲルを剥がし，ゲルを染色槽に落とし入れる。

3. ゲルの入った染色槽を電子レンジで 15 秒加熱する (染色を早くするため)。
4. 電子レンジから取り出し，10 分間時々ゆすって染色する (やけどに注意する)。
5. 染色後，CBB 染色液は指定の容器に回収する。その時，ゲルが流出しないように手で押さえるとよい。染色槽に，水道水を先に入っていた染色液と同量程度入れる。
6. 電子レンジで再び 15 秒ほど加熱し，取り出した後，時折ゆすって脱色する。水道水が青色に染まってきたら，適宜，新しい水道水に交換する。
7. 脱色の終わったゲルをラミネートされた白い紙の上に載せてチャック付きポリ袋に入れ，観察・課題を行う。

7.3　レポート課題

課題 1　ゲルの模式図を描く (または写真を貼る)。

各レーンには泳動した試料の名前

分子量マーカーのバンドには，それぞれの分子量

試料の顕著に見られるバンドには，推定した分子量を記入する。

課題 2　タンパク質の分子量の検量線を作成する。

タンパク質分子量マーカーの各バンドの相対位置 (横軸) と分子量 (縦軸) を片対数方眼紙にプロットし，各点を結ぶ。バンドの相対位置とは，ウェルの底から泳動の先端までの距離を 1 としたときのバンドの移動距離である (図 7-2)。

課題 3 各試料のバンドパターンの特徴を文章で記述し，他の試料と比較して考察する。試料のバンドの中で顕著なものは，その相対位置をもとに検量線を使い分子量を推定する。どの試料とどの試料が同じに見えるだろうか。試料のバンドパターンは，その食品の作られ方から説明できるだろうか。

課題 4 タンパク質は，アミノ酸が多数連なってできたポリペプチドの鎖が折り畳まり，そのアミノ酸配列特有の立体構造をもっている。SDS または還元剤を試料に入れずに電気泳動した場合，起こりうることを考えて記述する。

表 7-1 タンパク質分子量マーカーに含まれるタンパク質

タンパク質名	分子量 ($\times 10^3$)	タンパク質の機能 (由来とする生物・組織)	バンドの移動距離 (　　)	相対位置
Myosin	200	筋収縮，細胞運動 (ウサギ筋肉)		
β-Galactosidase	116	乳糖の分解 (大腸菌)		
Albumin Bovine	66	浸透圧調整，物質の運搬 (ウシ血清)		
Ovalbumin	45	卵白の主要タンパク質 (鶏卵卵白)		
Carbonic Anhydrase	31	炭酸脱水酵素 (ウシ赤血球)		
Trypsin Inhibitor	21.5	タンパク質分解酵素の阻害 (ダイズ種子)		
Lysozyme	14.4	多糖類の分解 (鶏卵卵白)		
Aprotinin	6.5	タンパク質分解酵素の阻害 (ウシ肺)		

試料	タンパク質量 / g
挽割納豆	14.8
醤油	6.0
味噌	10.8
高野豆腐	48.6
豆乳	3.3
おから	5.3
大豆の水煮	12.2
きなこ	33.6

表 7-2 各試料の可食部 100 g あたりに含まれるタンパク質量

『日本食品標準成分表 2015 年版 (七訂)』の「アミノ酸組成によるたんぱく質」による。それぞれ「豆類 / だいず / [納豆類] / 挽きわり納豆」,「調味料及び香辛料類 / (しょうゆ類) / こいくちしょうゆ」,「調味料及び香辛料類 / (みそ類) / 米みそ / 淡色辛みそ」,「豆類 / だいず / [豆腐・油揚げ類] / 凍り豆腐 / 乾」,「豆類 / だいず / [その他] / 豆乳 / 豆乳」,「豆類 / だいず / [その他] / おから / 生」,「豆類 / だいず / [全粒・全粒製品] / 水煮缶詰 / 黄大豆」,「豆類 / だいず / [全粒・全粒製品] / きな粉 / 全粒大豆 / 黄大豆」の値。

参考・引用文献

▌1章

盛口満 著（2012）生き物の描き方：自然観察の技法，東京大学出版会.

盛口満 著（2015）植物の描き方：自然観察の技法Ⅲ，東京大学出版会.

▌3章

水野寿彦 著（1981）日本淡水プランクトン図鑑，保育社.

滋賀の理科教材研究委員会 編，一瀬諭・若林徹哉 監修（2011）やさしい日本の淡水プランクトン図解ハンドブック，合同出版.

田中正明 著（2002）日本淡水産動植物プランクトン図鑑，名古屋大学出版会.

▌4章

図4-1

柿本辰男 著，町田泰則・岡田清孝・山本興太朗 監修（2014）高校生物解説書 植物編，講談社.

図4-2

Péret, B. *et al.*（2009）"Arabidopsis lateral root development: an emerging story", Trends in Plant Science, 14(7): 399-408.

図4-3

原襄 著（1984）植物の形態，裳華房.

図4-5

佐藤公行 編，園池公毅 著（2002）光合成，朝倉書店.

▌5章

図5-1～図5-4

日本動物学会 編（1990）動物解剖図，丸善.

▌6章

図6-1，図6-4，図6-5

Krstić, R. 著，藤田恒夫 訳（1981）立体組織学図譜 Ⅱ 組織篇，西村書店.

図6-8

Schour, I., Massler, M.（1940）"Studies In Tooth Development: The Growth Pattern Of Human Teeth", The Journal of the American Dental Association, 27(11): 1778-1793.

2020年 4 月 10 日　初 版 発 行
2023年 11 月 2 日　初版第 4 刷発行

基礎生物学実験

編　者　大阪大学理学研究科
生物科学専攻

発行者　山 本　格

発 行 所　株式会社　培　風　館

東京都千代田区九段南 4-3-12・郵便番号 102-8260
電　話(03)3262-5256(代表)・振　替 00140-7-44725

平文社印刷・牧 製本

PRINTED IN JAPAN

ISBN 978-4-563-07828-7 C3045

		年　　　月　　　日
学部　　　　　学科	学籍番号	氏名

キリトリ線

		年　　月　　日
学部　　　　学科	学籍番号	氏名

キリトリ線

7章　タンパク質の分離		年　　月　　日
学部　　　　　学科	学籍番号	氏名

課題4　SDSまたは還元剤を試料に入れずに電気泳動するとどうなるか

感想・要望

キリトリ線

7章　タンパク質の分離		年　　　月　　　日
学部　　　　　　学科	学籍番号	氏名

課題3　各試料のバンドパターンの特徴と試料間の比較

キリトリ線

7章　タンパク質の分離		年　　月　　日
学部　　　　学科	学籍番号	氏名

課題 2　タンパク質の分子量の検量線

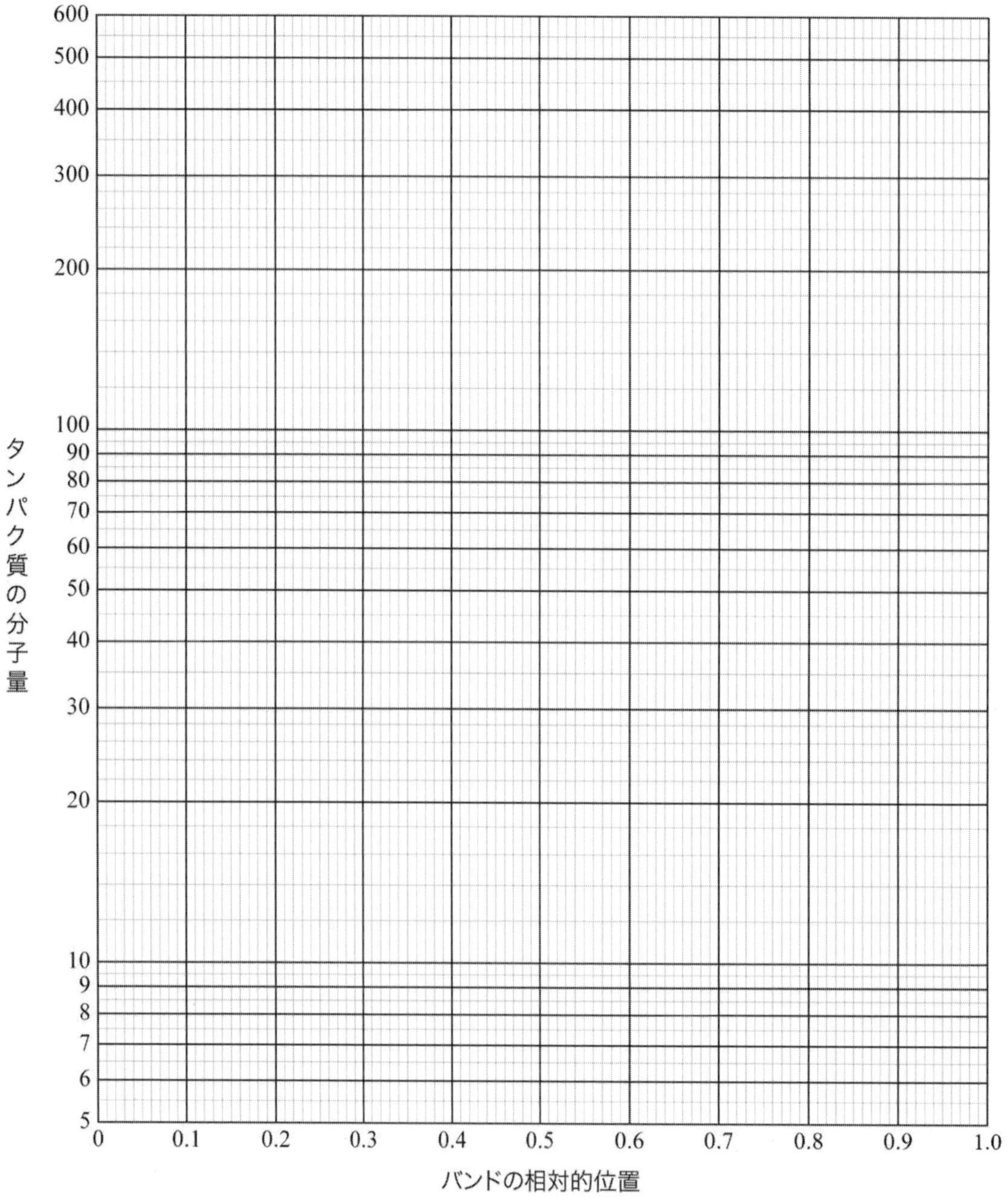

上の片対数方眼紙にタンパク質分子量マーカーのバンドの相対位置（横軸）と分子量（縦軸，表 7-1 を参照）をプロットし，タンパク質の分子量の検量線を作成する。試料の顕著なバンドの位置をこの検量線に書き込み，その分子量を推定する。

キリトリ線

7章　タンパク質の分離		年　　月　　日
学部　　　　　学科	学籍番号	氏名

課題１　ゲルの模式図 または 写真

キリトリ線

6章　動物の組織		年　月　日
学部　学科	学籍番号	氏名

キリトリ線

6章　動物の組織		年　　月　　日
学部　　　　　学科	学籍番号	氏名

キリトリ線

6章　動物の組織		年　　月　　日
学部　　　　学科	学籍番号	氏名

キリトリ線

6章　動物の組織		年　　月　　日
学部　　　　学科	学籍番号	氏名

キリトリ線

5章　マウスの解剖		年　月　日
学部　学科	学籍番号	氏名

キリトリ線

5章　マウスの解剖		年　　月　　日
学部　　　　　学科	学籍番号	氏名

キリトリ線

5章　マウスの解剖		年　　月　　日
学部　　　　　学科	学籍番号	氏名

キリトリ線

5章　マウスの解剖		年　　月　　日
学部　　　　学科	学籍番号	氏名

キリトリ線

4章　陸上植物の体制と組織構築		年　　月　　日
学部　　　　　学科	学籍番号	氏名

キリトリ線

4章　陸上植物の体制と組織構築		年　　月　　日
学部　　　　学科	学籍番号	氏名

キリトリ線

<table>
<tr><td colspan="2">4章　陸上植物の体制と組織構築</td><td>年　　月　　日</td></tr>
<tr><td>学部　　　　学科</td><td>学籍番号</td><td>氏名</td></tr>
</table>

キリトリ線

4章　陸上植物の体制と組織構築		年　　月　　日
学部　　　　学科	学籍番号	氏名

キリトリ線

3章　プランクトンの観察		年　月　日
学部　学科	学籍番号	氏名

キリトリ線

3章　プランクトンの観察		年　　月　　日
学部　　　　学科	学籍番号	氏名

キリトリ線

3章　プランクトンの観察		年　　月　　日
学部　　　　学科	学籍番号	氏名

キリトリ線

3章　プランクトンの観察		年　　月　　日
学部　　　　学科	学籍番号	氏名

キリトリ線

2章　光学顕微鏡の取り扱い方		年　　月　　日
学部　　　　学科	学籍番号	氏名

キリトリ線

2章　光学顕微鏡の取り扱い方		年　　月　　日
学部　　　　学科	学籍番号	氏名

キリトリ線